Papier – [illegible]

MÉMOIRES
DE PITARO.

I.

PARALLÈLE PHYSICO-CHIMIQUE
ENTRE LES FLUIDES INVISIBLES;

II.

NOTICE HISTORIQUE
SUR L'ÉLECTRICITÉ DE COTUGNO;

III.

CONSIDÉRATIONS SUR LE TARENTULISME;

IV.

IDÉES SUR LA MORT APPARENTE,
SUR LES SUFFOQUÉS OU ÉTRANGLÉS.

A. PITARO D.EN M.

PARALLÈLE
PHYSICO-CHIMIQUE

ENTRE

LE CALORIQUE, LA LUMIÈRE, L'ÉLECTRICITÉ, LE MAGNÉTISME, LE GALVANISME ANIMAL ET LE GALVANISME MÉTALLIQUE,

OU

INTRODUCTION A LA THÉOROLOGIE GALVANIQUE,

SUIVI DE TROIS AUTRES MÉMOIRES,

DONT UN SUR LE TARENTULISME.

PAR A. PITARO,

Docteur en médecine de l'Université Impériale de France.

DOCTEUR EN PHILOSOPHIE, EN MÉDECINE ET EN CHIRURGIE DES ÉCOLES DE NAPLES ET DE SALERNE;

Membre des Sociétés, Galvanique, des Recherches physiques, Médicale d'Émulation, de Médecine pratique, de la Société Impériale d'Agriculture de la Seine, et autres Sociétés savantes;

Ex-Professeur de Chimie, de Matière médicale et de Pharmacie dans l'Hôpital des Corps d'Artillerie et du Génie à Naples, et ci-devant Membre du Corps médical consultant des Hôpitaux militaires de campagne pour les Deux-Siciles.

Ier. VI

A PARIS,

DE L'IMPRIMERIE DE GIGUET ET MICHAUD,

RUE DES BONS-ENFANTS, N°. 34.

M. DCCC. V.

A MONSEIGNEUR

LE MARÉCHAL DE L'EMPIRE,

DUC DE RIVOLI,

Grand-Aigle de la Légion d'Honneur, Grand-Dignitaire de l'Ordre de la Couronne de Fer, et de l'Ordre de St-Hubert de Bavière.

MONSEIGNEUR,

La bienveillance dont VOTRE EXCELLENCE m'honore, et le témoignage de ses bontés, me font espérer qu'ELLE ne dédaignera pas l'offrande que j'ose attacher aux trophées *sans nombre* qui éternisent sa carrière glorieuse.

En Vous faisant agréer, MONSEIGNEUR, l'hommage de ce faible essai de mes travaux, je me trouve aussi heureux de Vous donner une preuve de mes respects et de ma gratitude, que je suis flatté d'offrir au public le fruit de mes réflexions et de mon travail à l'ombre de Vos lauriers.

ANTOINE PITARO.

A. S. ECCELLENZA

IL

MARESCIALLIO DELL' IMPERO,

DUCA DI RIVOLI,

ETC., ETC., ETC.

SIGNORE.

L'amicizia da Voi esaudita, femmi partecipar degli effetti della vostra grandezza d'animo. Gli amici m'applaudiranno certo, sperimentandomi sensibile a tal uopo. Voi non isdegnarete perciò, adottar questa mia picciola offerta, e collocarla a piè del Trofeo che eterna le gloriose ed inudite di Lei geste, perchè vadin, così, fregiati i miei sentimenti e protette le mie idee, sott' il fastoso nome d'invitto guerriere, che ammiro di cuore, e tributo in vita nella prole de' MASSENA.

ANTONIO PITARO.

IDÉES

Contenues dans les quatre Mémoires qui composent ce volume.

Ier.

MÉMOIRE.

DÉDICACE.

INTRODUCTION.

ÉPIGRAPHE.

Idée générale du galvanisme
—animal,
—métallique.
Définitions du galvanisme.
Influence du galvanisme
—animal,
—métallique,
Sur les êtres
—la digestion,
—... génération,
—... minéralisation.

Propriétés — physiques,

— chimiques des deux. . . .

. . espèces de galvanisme.

Époque du galvanisme.

Origine galvanique par Cotugno.

Idées galvaniques. . . . .

de Cotugno,

— Galvani,

— Volta,

— Dal Negro,

— Andria,

— Pitaro.

Analogie de la pile voltienne avec la torpille.

Dépendance de l'effet électrique de la torpille.

Indépendance de l'effet galvano-métallique.

Utilité du galvanisme métallique.

Usage.

Avantages de l'effet galvanique de la pile voltienne.

Grenouille d'Aldini.

— Effets incontestables.

Grenouille de Galvani.

— Effets surprenants

— dans l'huile.

Distinction du galvanisme de l'irritation métallique.

Pile animale, ou cercle animal d'Aldini.

Électricité de Thalès de Milet.

Le galvanisme métallique décompose les humeurs animales,

— mais l'électricité n'a pas cette propriété.

Un simple métal conduit l'électricité.

Deux métaux conduisent le galvanisme

— métallique,

— animal.

Le galvanisme métallique trouble l'équilibre du galvanisme animal.

Électricité considérée sous l'aspect

— électrique,

— magnétique,

— galvano-animal,

— . . . . métallique.

Parallèle entre
— le calorique,
— la lumière,
— l'électricité,
— le magnétisme,
— le galvanisme
— . . . . . animal,
— . . . . . métallique.

Cause commune des fluides invisibles et . . incoërcibles.

Cause du galvanisme.

Digression sur
— les fluides invisibles,
— la matière, et sur
— . . . son cercle.

Probabilités et doutes.
États dont sont susceptibles les corps.
État incoërcible des fluides invisibles.
Observation.
Corollaire.
Propriétés communes,
— privatives . . . .
des fluides invisibles.

Expériences diverses pour et contre l'analogie de leur cause commune ;
— effets admirables.

Syllogisme.

Passage de l'électricité en calorique, ou. . . . .

Le calorique se répand sans cesse, et sans aucun moyen.

Le galvanisme est cause des sensations agréables.

Le magnétisme aimante le fer,
— se répand sans moyen,
— tend aux pôles.

La lumière a grande affinité avec les fluides invisibles.

Effets de la lumière.

L'étincelle électrique et l'étincelle galvanique ne se manifestent pas, si un être conducteur n'est presque en contact.

Le combustible embrasé ne jette pas d'étincelles sans raréfaction et explosion d'une substance gazeuse.

La pierre à feu ne donne point d'étincelle sans le choc de l'acier, etc.

Les fluides invisibles mis en action sont plus ou moins latens et interposés, etc.

Si deux courants homogènes de fluides invisibles se rencontrent, le plus faible suit le plus fort.

Les effets des fluides invisibles sont faibles si le nombre des spectateurs est considérable.

Le phosphore ne s'enflamme pas sans le contact de l'air;

— et le pyrophore ne s'embrase pas.

L'eau est conductrice de tous les fluides invisibles; mais l'eau froide ne conduit pas l'électricité, le magnétisme, le galvanisme; cependant leurs effets, en hiver, sont plus énergiques.

L'eau chaude, la flamme dissipent l'électricité, mais non le galvanisme; cependant la cire ou le verre très échauffés conduisent l'électricité, mais non pas le galvanisme.

L'eau froide tourmente les nerfs mis à nu, l'eau chaude aussi, et le galvanisme.

Le soufre, le succin, le verre, sont déférents de l'électricité, mais non du galvanisme.

Les substances oléagineuses, les substances résineuses sont isolantes du galvanisme.

L'électricité détruit l'irritabilité tout comme le froid.

—Le galvanisme l'augmente, ainsi que les acides.

L'électricité détermine la putréfaction, comme la chaleur, comme l'humidité, mais . . . .

—le galvanisme l'empêche, comme le gaz acide carbonique.

Les vers souffrent sous l'action du galvanisme et sous l'action du calorique.

Les acides ont une très grande affinité avec les fluides invisibles, et les conduisent.

Le galvanisme débrûle les corps brûlés, mais l'électricité ne le peut pas.

La décomposition de l'eau est facilitée par les fluides invisibles, par la lumière, mais non par l'électricité; cependant elle facilite la formation de l'eau.

Les fluides invisibles, excepté l'électricité, décomposent les oxydes.

Le fer aimanté perd, par la percussion, la propriété qu'il a acquise, et ne la recouvre qu'en le frottant dans le même sens et dans la direction du pôle respectif de l'aimant.

L'aiguille magnétique perd sa propriété, si elle vient à être frappée par la foudre.

Le mouvement dispose l'électricité, le magnétisme, la chaleur, la flamme ; mais le mouvement n'est que l'effet du galvanisme.

La compression violente de l'atmosphère embrase un combustible bien sec.

Les fils métalliques, animés par le galvanisme, subissent une combustion; mais il n'en est pas de même des fils animés par l'électricité; cependant on voit aussi brûler le fil de fer, etc. animé par le feu dans le gaz oxigène.

L'élasticité, l'incoërcibilité, la pénétrabilité et la diffusibilité sont des propriétés du calorique.

La tendance vers les pointes, la répugnance à traverser les corps idioélectriques, la fierté de briser, de fulminer dans les interruptions, de détruire l'irritabilité, et de se communiquer moyennant un simple métal, sont des propriétés privatives de l'électricité.

Le magnétisme a la tendance aux pôles, celle de se communiquer au fer, et la propriété d'attirer.

Le galvanisme animal a la propriété de provoquer les contractions musculaires, des commotions, et des frissons.

Le galvanisme métallique a la propriété de parcourir quinze mètres par seconde, d'augmenter l'irritabilité, de produire le son dans une cigale récemment tuée, de faire passer les sulfures en oxides, d'aimanter les aiguilles, et de décomposer les acides et les alcalis.

La lumière a la clarté, la propriété de régler l'organe visuel, et de produire les illusions d'optique.

Observation.

Digression sur la matière.

Syllogisme.

Conclusion.

FIN DU PREMIER MÉMOIRE.

IIme.

MÉMOIRE.

NOTICE HISTORIQUE

Sur les premiers faits qui ont conduit à la découverte du galvanisme.

ÉPIGRAPHE.

Phénomène de la souris de l'élève de Cotugno,
— dissection,
— effets électriques.
Phénomène de la souris de Cotugno,
— dissection,
— effets électriques.
Considérations de Cotugno.
Recherches anatomiques sur la souris, et
— le cadavre humain.
Système de Cotugno sur la cause du phénomène électrique de la souris.

Conjectures de Cotugno.

Publication du phénomène électrique de la souris par Cotugno.

Objet de contemplation pour l'immortel Galvani et pour le célèbre physicien Vassali.

Notice chronologique sur la cause de la découverte du galvanisme, et sur la raison pour laquelle le galvanisme tire son origine de la ville de Naples.

Notice propre à constater les découvertes les plus importantes de Cotugno, et à faire connaître ses ouvrages et ses talents.

Système de Cotugno sur la sciatique.

FIN DU DEUXIÈME MÉMOIRE.

IIIme.

MÉMOIRE.

Considérations sur la vénénosité du *Phalangium Appulum*.

Épigraphe.

Imposture et ruse.

Aspect de l'araignée et asile. Morsure de de l'insecte, effets.

Effets de la *Tarantelle*. Digression sur les différents effets de certains sons, comme

— du ranz des vaches en Suisse;

— de la cornemuse en Écosse;

— du grincement métallique; de la musique martiale, de la religieuse; du sifflement; du murmure; du bourdonnement; du retentissement; du tonnerre; des flammes, et des vagues de la mer.

Application et conclusion. Observations comparatives, entre la morsure de la vipère et du chien enragé.

Explication probable. Illation.

FIN DU TROISIÈME MÉMOIRE.

IVme.

MÉMOIRE.

Épigraphe.
Idées sur la mort apparente,
— sur les suffoqués ou étranglés.
Moyens utiles.
Irritation du poumon.
Utilité du galvanisme,
— de l'électricité,
— de l'air oxigêne.
Suppression instantanée de la respiration.
Expériences.
Moineaux rappelés à la vie.
Observations.
Jugement.
Conclusion.

FIN DU QUATRIÈME MÉMOIRE.

PARALLÈLE
PHYSICO-CHIMIQUE

ENTRE

LE CALORIQUE, LA LUMIÈRE, L'ÉLECTRICITÉ, LE MAGNÉTISME, LE GALVANISME ANIMAL ET LE GALVANISME MÉTALLIQUE.

INTRODUCTION.

Multum restat operis multumque restabit; nec ulli nato post mille soecula, præcludetur occasio aliquid adhuc adjiciendi.

SENECA.

LE Galvanisme toujours problématique, attire encore les regards des observateurs de la Nature, moins pour la simplicité particulière, attribuée à cet être privatif du systême animal, qu'à cause des merveilleux effets que sa présence produit sur tout ce qui vit, et de l'impulsion du galvanisme métallique sur l'organisation, ainsi que pour l'espoir que laisse entrevoir à l'art de guérir cette espèce d'électricité, que j'appelle *douce* et que je crois la *base des puissances internes* qui agissent par la voie de la circulation sanguine et lymphatique, sur la faculté qu'ont les êtres vivants de sentir tout stimulus; cette électricité, dis-je, *compagne vitale de l'organisation*, *adminicule auxiliaire et essentiel* des fonctions du systême animal (1), est une émanation prodigue des substances simples, mais essentielles à l'économie animale.

Le galvanisme, proprement dit métallique, garantit à la médecine une puissance active, utile à la guérison des affections morbides, et au soutien de l'exercice facile et paisible du systême organique vivant, une force *douce* et applicable à toutes les circonstances; un corroborant diffusif, nécessaire aux personnes chez qui l'équilibre des puissances

(1) Un jour viendra où l'observateur reconnaîtra que l'influence du galvanisme est le ressort principal et essentiel de la génération.

musculaires et des nerfs est renversé; mais il exige qu'on le suive avec soin et qu'on le dirige par le moyen d'agents externes, convenablement indiqués par l'état pathologique. Il fournit au ministre de l'art de guérir, un remède efficace, prompt et décisif dans toutes ses applications; propre à faire entrer promptement, dans la circulation, le produit de la digestion, et à le préparer convenablement, pour le besoin de chaque organe.

Cette branche de la physique, née dans les dix-huitième et dix-neuvième siècles, créée sur l'élément du *célèbre Cotugno*, et attentivement analysée par Galvani, est devenue, entre les mains de ce dernier, un corps de doctrine, qui occupa les savants, fit naître aux uns le désir de le soutenir et de l'éclaircir, et aux autres celui de le contester et de dire, « que le » galvanisme est l'influence de l'électri- » cité elle-même, reçue, conduite et ma- » nifestée par l'arc excitateur, mais non » produite par lui, et que l'irritation

» musculaire, regardée comme une par-
» tie très importante du phénomène, est
» l'effet de l'action électrique, modifiée
» par les corps qui la recouvrent, la four-
» nissent et la conduisent. »

Telle est l'opinion de Volta, telles furent les suggestions de la nature, c'est-à-dire le résultat de l'expérience; telles furent enfin les inductions que l'anatomie de la torpille fournit à cet illustre physicien; en montrant à son intelligence active le système organique de cet être marin, elle lui fit connaître que, parmi les adminicules aqueux, qui composent son organisme, une partie est apte à réveiller la force électrique, par son contact réciproquement exercé, tandis que l'autre est destinée à la répandre; il vit que les lits différents de ces adminicules, posés les uns sur les autres, et entremêlés dans l'eau, où ils se succèdent, forment la structure du système organique, qui dans la torpille est le réservoir, le modificateur et le conducteur de l'électricité :

il conclut de l'organisation particulière du système animal de la torpille, qu'il pouvait composer un appareil, ayant une puissance et une propriété analogues, à l'aide duquel il pourrait démontrer ensuite aux physiciens la marche de l'électricité sous l'aspect galvanique.

Volta éclairé par ses profondes recherches anatomiques, conçut rapidement les idées véritables, que lui dévoila la dissection de la torpille; il recueillit aussitôt le fruit de ses contemplations, composa sa pile si bien imaginée, démontra et soutint son ingénieuse opinion, même en présence de l'Institut de France, devant lequel il fit le parallèle de la grande analogie de sa pile avec le système organique de la torpille, et avec les autres propriétés, dont est doué cet être marin; il convainquit de la vérité de ses assertions, ceux qui ne croyaient pas à la physico-galvanique; il attira l'admiration de tous les savants, et mérita le suffrage et la couronne que lui donna le chef de cette heureuse nation, qui assista à la séance où il développa ses idées.

Volta fit remarquer l'analogie qui existe entre sa pile et le poisson disséqué, mais il ne fit *aucune* mention de la *cause* des mouvements produits sur la grenouille de Galvani, isolée dans l'huile, phénomène qui éveilla l'attention de l'immortel Spallanzani, et reçut son assentiment. Il ne dit point non plus que *l'effet électrique est soumis à la volonté* de la torpille, et que l'effet galvanique en est indépendant. L'émanation galvanique, *en traversant* le corps d'une grenouille, le fait gonfler et en décompose les humeurs animales, tandis que les étincelles électriques les plus éclatantes n'y produisent pas la moindre altération; l'électricité *est conduite* par un simple métal, tandis qu'il n'en faut pas moins de deux pour conduire le galvanisme.

Quoi qu'on puisse penser de l'opinion de Volta, l'avantage de sa pile est sans doute incontestable, puisqu'elle offre un moyen facile, gradué et durable d'administrer *une force* qui, si elle n'a pas pour cause *l'être galvanique*, doit être au moins produite par *une autre* cause, que certainement Volta ignore lui-même et qui sera toujours un nouveau pouvoir chimique, un nouvel adminicule médicamenteux, et un nouvel effet électrique; enfin la grenouille. . . . .

. . D'Aldini offre le véritable *experimentum crucis*, et un élément digne de l'admiration des théoristes du galvanisme, et détermine ainsi la cause des conséquences auxquelles Volta n'a jusqu'ici opposé aucune raison capable de mieux éclaircir sa théorie : c'est en mettant la jambe de la grenouille, employée à l'expérience d'Aldini, en contact avec ses nerfs cruraux, que se manifestent des commotions sur la jambe opposée, qui la font osciller pendant long-temps. Si le point de contact est couvert d'une lame cohibante, les commotions ne s'excitent pas; et si on le découvre elles se réveillent de nouveau, sans que jamais le moindre stimulus mécanique y concoure (1).

L'élément d'Aldini saisit plusieurs savants, fit distinguer le galvanisme de l'irritation métallique, produite sur les organes des animaux, par la colonne de Volta ou par toute autre série métallique. C'est encore l'abbé Dal-Negro, qui dit : « Si c'est un point de fait, que les phé» nomènes galvaniques puissent s'obtenir » par le moyen du simple contact des par» ties animales, et si l'on peut produire

(1) Aldini fut conduit à cet essai par une observation raisonnée de Galvani, qui découvrit pareillement, que si les membranes de l'abdomen et du thorax d'une grenouille demeuraient attachées par le seul nerf lombaire, et qu'en repliant ses jambes on le fit de façon à faire venir en contact leurs muscles jumeaux avec l'épaule, il se réveilloit des convulsions très sensibles sur le cadavre ainsi préparé; mais ce fut sur cet élément qu'Aldini saisit la juste idée de son phénomène, et la fit valoir comme la plus lumineuse et la plus propre à démontrer l'électricité animale, puisque la cause productrice des effets de la pile diffère de celle du cercle animal, composé par le muscle et le nerf d'un animal quelconque.

» les effets hydro-métalliques, par la » simple combinaison de métaux hétéro- » gènes, sans que les parties animales y » participent en rien, quelle raison avons- » nous de plus pour croire que la force » irritante soit identique dans ces deux » cas? Si en irritant un muscle à l'aide » d'une aiguille, on y occasionne des » contractions, et si l'on en produit éga- » lement par le moyen d'un acide ou de » l'étincelle électrique, doit-on conclure » que l'aiguille, l'acide et le fluide élec- » trique soient une seule et même chose, » ou des êtres de la même nature? »

L'électricité hydro-métallique n'a lieu qu'en joignant deux métaux nécessairement humectés ou isolés dans l'air, qui contient toujours une plus ou moins grande quantité d'eau en dissolution. Le galvanisme animal, au contraire, se manifeste par le simple contact des parties animales : or, si des effets semblables sont quelquefois produits par des causes différentes, il serait à propos de dire avec

Andria (1), que si lorsque l'électricité métallique se communique, les muscles se contractent, c'est parce qu'elle éveille dans son passage le mouvement, non comme stimulant, mais comme exubérant *disturbateur* de l'équilibre du galvanisme.

---

(1) Osservazioni generali sulla teoria della vita.

PARALLÈLE.

Dans le temps où vivait *Thalès* de Milet, on ne connaissait que le fluide électrique ; depuis cette époque, il s'est manifesté sous quatre formes différentes; c'est-à-dire sous les formes électriques, magnétiques, galvano-métallique et galvano-animale. La phénoménologie qui distingue toutes ces sortes de fluides, renferme assez de particularités analogues, pour qu'on puisse croire *une*, la cause qui produit tous ces résultats ; car on n'aperçoit dans le développement de leurs phénomènes, que des particularités assez peu discordantes pour admettre autant de causes différentes.

Qui sait s'il ne viendra pas un temps, où l'observateur pourra dire : c'est le calorique qui, sous une gradation diverse de modifications, se manifeste comme fluide, tantôt électrique, tantôt magnétique, tantôt lumineux, et tantôt galvanique; ou bien c'est un de ceux-ci qui, modifié, se montre tantôt sous une forme, tantôt sous une autre, pour investir la matière et en pénétrer les modifications infinies, afin de s'y maintenir ensuite selon les dispositions de la Nature?....... Et qui sait enfin, à quelle époque on aura recueilli assez de faits, pour assurer avec précision, et démontrer que chacun de ces fluides est particulièrement une émanation douée de telle ou telle autre propriété, destinée à fournir tels ou tels matériaux pour la durée de l'équilibre organique et inorganique de tous les êtres de la Nature, surtout lorsque dans leur mécanisme, l'élaboration manque de l'une ou de l'autre substance, pour le ciment de l'organisation, et pour la structure respective et individuelle de chacun d'eux, ou que l'un de ces fluides, distribué de toute éternité dans les trois règnes de la Nature, est modifié graduellement dans la matière de chacun d'eux, selon les modifications infinies de la matière elle-même ; de telle sorte qu'il puisse, en toute variation, suivre la marche du cercle de la matière, et le soutenir selon les lois éternelles qui le gouvernent, et se rendre aussi en tout être modifié, jusqu'au point qu'il paraisse seul aux yeux de l'observateur?

Il est certainement difficile et presqu'impossible de pouvoir l'espérer dans l'état actuel de nos connaissances ; mais, je le répète, la phénoménologie donne lieu de le soupçonner.

COROLLAIRE.

I. Le calorique est un fluide invisible, mais très fluide, très élastique, très pénétrant et incoërcible (1); il attire, repousse, échauffe, fond, vitrifie, cristallise, décompose, raréfie, fomente la combustion, évapore, débrûle et dirige l'état de tout être.

II. — L'électricité n'est point entièrement la cause des divers états des corps, mais elle a des propriétés qui paraissent

(1) Le passage d'un état à l'autre, dont sont susceptibles les corps, a amené la nécessité des mots : *dur, mol, liquide, et fluide* pour l'état invisible, ou aériforme, qui est dans le cas d'être isolé ; mais le calorique, la lumière, l'électricité, le galvanisme, le magnétisme, qui sont très fluides et invisibles, supposent un état ultérieur, et jusqu'ici, il n'y a pas un mot qui le désigne. Or, pourquoi ne pourrait-on pas donner à un tel état le nom d'*incoërcible* ou de *diffus*?....

telles : elle meut légèrement la fibre musculaire, court avidement vers l'équilibre, vers les pointes conductrices, et rompt toute espèce d'obstacle en détonnant même dans les interruptions; elle est presqu'incoërcible, se communique au fer instantanément, et une simple substance peut la conduire.

III. — Le galvanisme métallique plus doux, a les mêmes propriétés, à peu près; il meut fortement les puissances musculaires, il ne fulmine point dans les interruptions, et ne rompt pas les obstacles; il décompose les humeurs animales, et il n'est conduit que par deux substances métalliques, etc.

IV. — Le galvanisme animal, par le simple contact des parties animales, produit des commotions (1).

V. — Le magnétisme, beaucoup plus doux encore, produit de légers effets et

---

(1) Peut-être semblables aux effets des attouchemens de l'adolescence entre les deux sexes, à l'époque de la puberté.

même des convulsions très faibles, il se communique au fer d'une manière permanente, il se répand sans aucun moyen, et il est doué d'une tendance continue aux pôles.

VI. — La lumière a une grande affinité avec tous ces fluides; elle en est souvent accompagnée, et unie à l'un ou à l'autre, elle leur donne une énergie plus grande; elle est soumise aux lois de la réflexion et de la réfraction : elle a quelque chose de commun avec le calorique rayonnant; elle échauffe, elle évapore, elle attire, elle liquéfie, débrûle, raréfie, colore la matière végétable et la rend sapide et inflammable. Par les lois de la réfraction, elle se décompose en un nombre de nuances et de différentes couleurs; elle est incoërcible, donne la clarté; mais elle s'éteint aussitôt que les rayons du soleil ou de la flamme se cachent; comme la flamme s'éteint lorsque l'oxigène cesse de se fixer sur le corps combustible; enfin elle parcourt l'espace qui est entre nous et le soleil, en huit minutes treize secondes.

VII. — L'étincelle électrique et l'étincelle galvanique ne se manifestent pas, quand un être conducteur n'est pas presqu'en contact, comme le magnétisme sans le frottement, le sylex qui ne donne point d'étincelle, sans le choc de l'acier ou d'un autre corps dur; le phosphore ne donne point de flamme sans le contact de l'air oxigène, et le pyrophore ne s'embrase pas; le combustible embrasé ne jette pas d'étincelle, sans raréfaction de matière gazeuse et explosion; l'air hydrogène s'enflamme par l'étincelle de la pierre à feu, tout comme par celle de l'électricité ou du galvanisme.

VIII. — Le calorique, l'électricité, le galvanisme animal, le galvanisme métallique et le magnétisme mis en action, sont plus ou moins *latens* et interposés, ou plus ou moins libres, en raison de l'état des corps envahis, et en raison de l'état des corps ambiens, ou enfin en raison de la plus grande ou de la moindre affinité de ces derniers avec les premiers chez lesquels se manifeste la même loi d'attirer et de repousser.

IX. — De deux courants caloriques, ou lumineux, ou électriques, ou galvaniques, ou magnétiques, s'ils se *décousent*, le plus faible suit constamment la direction du plus fort.

X. — L'électricité, le galvanisme, le calorique, le magnétisme, la lumière, sont plus actifs, lorsque les spectateurs ne sont pas en grand nombre.

XI. — Il y a des corps qui échauffent, mais qui n'éclairent pas; d'autres qui éclairent et n'échauffent pas; mais tous du plus au moins contiennent du calorique, de l'électricité, du galvanisme et du magnétisme.

XII. — Tous les êtres ont de l'affinité avec le calorique, et tous peuvent en être pénétrés et lui servir de conducteur : plusieurs ont de l'affinité avec la lumière, et en sont plus ou moins pénétrés; mais tous n'ont pas une égale affinité avec l'électricité, avec le magnétisme et le galvanisme.

XIII. — Sous l'état ordinaire de l'atmosphère commune, l'eau est conductrice du calorique, de l'électricité, du galvanisme, du magnétisme et de la lumière.

XIV. — L'eau froide, la glace même, sont beaucoup plus conductrices du calorique; mais il n'en est pas de même de l'électricité, du galvanisme et du magnétisme; cependant en hiver, les attributs de l'électricité, du magnétisme, du galvanisme métallique et du galvanisme animal sont plus forts.

XV. — L'eau très chaude ou en ébullition, annulle l'électricité, et la flamme la dissipe; mais si l'action de l'électricité est dissipée par la flamme (1), celle du galvanisme métallique ne peut pas

---

(1) La grande affinité de l'électricité avec le calorique, ou la raréfaction des corps employés, ne serait-elle pas,

l'être ; cependant la cire très échauffée, le verre, conduisent l'électricité, mais non pas le galvanisme métallique.

XVI. — L'eau froide tourmente les nerfs mis à nu, ainsi que l'eau chaude et le galvanisme.

XVII. — Le soufre, le succin, le verre sont *déférents* de l'électricité, mais non du galvanisme ; pourtant les substances oléagineuses, les substances adipeuses et les résineuses, sont isolantes de ce fluide.

XVIII. — Certains êtres parfaitement conducteurs de l'électricité commune, comme la flamme, le verre échauffé, les os très desséchés, et blancs et l'air raréfié, sont isolants du galvanisme métallique.

XIX. — Une simple substance conduit l'électricité ; il n'en faut aucune pour conduire le magnétisme, mais il

---

dans ce cas, la cause de la dissipation de l'action électrique ou plutôt de la conversion de l'électricité en calorique ?....

n'en faut pas moins de deux pour conduire le galvanisme métallique. Le galvanisme animal s'éveille par le simple contact des parties animales, et le calorique s'y répand sans cesse.

XX. — L'électricité *exhaurit* l'irritabilité, comme le froid. Le galvanisme, au contraire, l'augmente comme les acides.

XXI. — L'électricité facilite et dispose la putréfaction, comme la chaleur et l'humidité; mais le galvanisme l'empêche, comme le gaz acide carbonique.

XXII. — Les vers, qui n'ont que des nerfs, souffrent sous l'action du galvanisme comme sous l'action du calorique.

XXIII. — Les acides, les alcalis, les sels, ont la propriété de se charger de calorique, ou d'électricité, ou de magnétisme, ou de galvanisme métallique, et sont conducteurs de ces mêmes fluides.

XXIV. — Les acides consument lentement le combustible, l'eau plus lentement encore, et le galvanisme métallique décompose les premiers aussi bien que l'eau, comme les substances métalliques; mais l'électricité est privée de cette faculté.

XXV. — L'eau est décomposée par les combustibles, et sa décomposition est facilitée par la lumière, par le calorique et par le galvanisme, mais non par l'électricité, qui pourtant est dans le cas d'opérer la combinaison des deux gaz oxigène et hydrogène, dans la formation de l'eau.

XXVI. — Les oxides peuvent être décomposés par le calorique, la lumière, le galvanisme; mais non par l'électricité, et leurs dissolutions subissent la précipitation, au moyen de l'impulsion galvanique (1), mais non de l'impulsion électrique.

XXVII. — Si les substances adipeuses, oléagineuses et les résineuses, restent long-temps en contact avec des métaux, alliés, oxidés ou non, elles pom-

(1) Peut-être, parce qu'alors l'oxygène, se combinant avec le galvanisme, se fixe plus facilement sur la matière métallique.

pent l'oxigène des uns, et favorisent l'oxidation des autres (1).

XXVIII. — La chaleur émane de tout être, par l'action du frottement. Il en est quelques uns, d'où émane, non seulement la chaleur, mais même l'électricité; d'autres, d'où émanent l'électricité et la flamme; quelques uns, acquièrent le magnétisme, la force d'attraction et de répulsion, accompagnées même de la chaleur, comme l'ambre, le verre, les substances résineuses le soufre, et le fer, quand il est aimanté; d'autres à une température un peu plus élevée que celle de leur état naturel respectif, font explosion, et s'emflamment comme le muriate de potasse oxigéné, etc.

XXIX. — Le fer aimanté perd, par la percussion (2), la propriété qu'il a ac-

---

(1) Parce que l'action galvano-métallique favorise le jeu des affinités en eux, débrûle les premiers; et, par un acide créé alors, brûle les secondes.

(2) Est-ce que la percussion, ne fait pas devenir libre une portion de magnétisme, ou bien de calorique, qui annulle, dans ce cas, la propriété magnétique?

quise, et ne la recouvre que lorsqu'on le frotte dans le même sens et dans la direction du pôle respectif de l'aimant.

XXX. — L'aiguille magnétique d'un vaisseau et sa propriété se dérangent, si elle vient à être frappée plusieurs fois par la foudre (1).

XXXI. — Le mouvement dispose l'électricité, le magnétisme, la chaleur, ainsi que la flamme ; mais le mouvement est l'effet du galvanisme métallique et du galvanisme animal.

XXXII. — La chaleur émane des végétaux qui restent long-temps amoncelés, jusqu'à les soumettre à la combustion, quelquefois même aux flammes, lorsqu'ils sont secs, et elle émane aussi des substances animales, sèches et imprégnées d'huile, ainsi que de toutes autres matières combustibles. Il n'en est pas autrement des amas métalliques et bitumineux.

---

(1) Est-ce que le courant électrique n'enlève pas le magnétisme pour l'assimiler à lui ?

XXXIII. — Un combustible bien sec, comme l'amadou simple, etc., soumis à une violente et parfaite compression de l'air atmosphérique, s'enflamme de suite, au plus léger souffle.

XXXIV. — Les fils métalliques, animés par le galvanisme, subissent une combustion rapide; la flamme et le brillant éclair s'y manifestent; il n'en est pas de même de ceux animés par l'électricité; mais on voit aussi brûler le fil de fer, animé par le feu, dans le gaz oxigène, avec rapidité et éclat.

Outre les propriétés communes aux êtres dénommés ci-dessus, on en découvre d'autres qui semblent appartenir à chacun d'eux; c'est-à-dire que —

A. Le calorique a en partage l'élasticité, l'incoërcibilité, la pénétrabilité et la diffusibilité.

B. L'électricité a la tendance vers les pointes, la répugnance à traverser les corps idioélectriques, et la fierté de les briser, la propriété de se communiquer par le moyen d'un simple métal, de fulminer dans les interruptions, et de détruire *l'irritabilité*.

C. Le magnétisme, a la tendance aux pôles, et celle de se communiquer au fer d'une manière permanente, et enfin celle d'attirer.

D. Le galvanisme animal, a la propriété de déterminer les contractions musculaires, des commotions, des frissons et des effets sympathiques.

E. Le galvanisme métallique, d'une pile de trente-cinq couples de disques de *zinc* et de *cuivre*, baignés dans une solution de muriate d'ammoniac, a la propriété de parcourir, en un cordon d'or de deux millimètres d'épaisseur, et long de quinze mètres, par la sensation de l'éclair et d'une montre à secondes fixes, à peu près quinze mètres par seconde; d'agir d'abord sur le système nerveux, et ensuite d'une manière sensible sur le système musculaire; d'augmenter l'irritabilité et d'accélérer la circulation; de produire, outre le mouvement, le son dans une cigale récemment tuée; de rendre plus brillants les anneaux phosphoriques d'un petit ver luisant, et de les douer d'une lumière plus vive; de manifester une lumière plus éclatante, ainsi qu'une étoile très lumineuse à l'extrémité de chacun des poils qui couvrent le corps des gros vers luisants; de plus la propriété de faire passer les sulphures en oxides, d'aimanter les aiguilles, et de décomposer les acides et les alcalis.

F. Enfin la lumière, a la clarté, peut-être donne-t-elle de l'énergie aux êtres vivants (1), et même la saveur et la couleur à toutes les substances; elle a certainement la propriété surprenante et admirable de régler les effets de l'organe visuel, de produire les illusions d'optique et, peut-être, encore d'autres effets.

Si la série des propriétés et des effets recueillis par l'observateur, ne fournit

---

(1) Comme le calorique.

point de preuves assez convaincantes, pour faire croire que le calorique est la cause commune, de l'électricité, du galvanisme, du magnétisme, de la lumière, *et vice versâ*, et que l'un d'eux soit cette cause commune, elle en fournit assez pour qu'on ne puisse pas se dissimuler, qu'outre le grand nombre d'analogies qu'il y a entr'eux, et principalement entre l'électricité, le magnétisme et le galvanisme, il y a lieu de soupçonner que si chacun d'eux produit sur les êtres quelqu'effet singulier et privatif, et a ainsi quelque propriété, ils doivent, sans doute, être doués d'une nature particulière, et par conséquent avoir des propriétés différentes; enfin jouir, de plus, d'une réaction, et être chargés du soin de pourvoir au besoin particulier de chaque échelon, qui compose le grand cercle de la matière, et ce phénomène aura lieu, dès le moment que la *Puissance Créatrice* le destinera à tel ou tel autre but.

Il est du reste démontré, que des effets semblables reconnoissent toujours des causes semblables, *et vice versâ.* Or, comme les effets des êtres ci-dessus cités, diffèrent très peu entr'eux, si quelques uns de leurs effets ont quelque rapport entr'eux, leurs causes respectives ont, sans doute, de l'analogie entr'elles, de sorte que dans tous les cas la question devient toujours problématique.

L'expérience pourra découvrir un jour la véritable raison de ce que j'ai avancé, surtout quand de fidèles et infatigables observateurs seront parvenus, par son moyen, à bien interpréter la Nature; et alors ils atteindront un but plus utile pour la société : ils répandront un plus grand jour sur l'art de guérir, et ils offriront à la physico-chimie, des résultats si certains, qu'il ne sera plus possible d'élever aucun doute.

Dans des temps ultérieurs, je me propose de donner au sujet que je viens de traiter, *per summa capita*, de plus amples développements, comme le prouvera ma *Théorie sur le Galvanisme*, que je désire faire paraître incessamment, après l'avoir soumise à la sagacité de mes confrères.

FIN.

C'EST LE CÉLÈBRE
COTUGNO, DE NAPLES,
QUI A FAIT LE PREMIER PAS
VERS LA DÉCOUVERTE
DU GALVANISME.

II.

II.

NOTICE HISTORIQUE

SUR

LES PREMIERS FAITS PHYSIOLOGIQUES

QUI ONT CONDUIT A LA DÉCOUVERTE

DU GALVANISME,

PAR ANTOINE PITARO.

« È istinto di Natura
» L'amor del patrio nido. Amano anch' esse
» Le spelonche natie le fiere istisse. «

METASTASIO.

NOTICE HISTORIQUE.

La Nature impatiente de donner lieu aux découvertes dont les hommes de génie doivent un jour tirer un grand parti, offre d'abord, à quelques observateurs, des faits nouveaux et curieux, comme pour fixer leur attention sur les secrets qu'elle veut leur déceler : tel est le phénomène dont fut témoin Cotugno, célèbre anatomiste de Naples, et qui lui fit pressentir, le premier, l'existence du galvanisme.

« Un des élèves de ce célèbre médecin, ayant senti une grande douleur à la jambe, y porta rapidement la main, et se saisit d'une souris qui l'avait mordu. Pour se venger, il résolut de la disséquer; mais il en fut puni, car à la première incision qu'il fit avec son instrument, ayant divisé le nerf diaphragmatique, il ressentit une secousse, et il éprouva, dans la main dont il se servait pour opérer, une sorte de torpeur et une forte contraction. »

Cotugno, qui fut témoin de cet évènement surprenant, s'occupa à en chercher les causes : il prend le scalpel des mains de son élève, le porte sur la partie qui avait produit le phénomène, et n'aperçoit rien qui puisse lui rendre raison de la douleur que ce dernier avait ressentie; seulement il découvrit un liquide contenu entre la membrane qui revêt le filet nerveux, et le nerf lui-même.

Il fit les mêmes recherches sur le cadavre humain, et détortillant le système nerveux d'une manière propre à faciliter l'opération, il trouva une gaîne accessoire du nerf ischiatique, et entre le nerf et sa gaîne, le liquide qu'il cherchait. Il l'observa, long-temps, à la vue simple et avec des instruments d'optique; il l'isola et le compara aux autres liquides connus : il le vit avec des attributs physiques distincts ; enfin il put affirmer qu'il en différait. Il prit note du résultat de ses observations, et se réserva d'en parler dans un autre temps.

Ayant toujours présent à l'esprit l'évènement qui lui était arrivé, il soumit, à une nouvelle expérience, une autre petite souris vivante, qu'il prit en lui pressant la peau du dos avec le pouce et l'index ; il la tint ainsi suspendue en l'air, puis il commença sa dissection par le ventre : aussitôt qu'il eût donné le premier coup de bistouri, la queue de l'animal, qui pendait entre ses doigts annulaire et auriculaire, se replia sur ces mêmes doigts et produisit une secousse très vive, qui se propagea le long du bras, se fit ressentir à l'épaule et jusque dans la tête, avec une grande souffrance. L'impression qu'il éprouva dans la tête, et la douleur de l'humérus, durèrent assez long-temps pour donner des craintes à l'anatomiste ; elles ne furent entièrement dissipées qu'un quart-d'heure après.

La seconde secousse, presque électrique, qu'il éprouva pendant cette nouvelle expérience, le conduisit à former des conjectures. L'idée qu'il conçut, à la vue du phénomène découvert en anatomisant cette souris, devint si féconde en conséquences, qu'elle le mena presque à la connaissance du fluide galvanique. Voici ce qu'il nous a fait connaître dès 1784.

« A quoi peut-on attribuer, dit ce célèbre anatomiste, une telle contraction,
» si ce n'est au renversement de l'équilibre dans le fluide électrique, fluide
» peut-être animal et surabondant dans
» la souris irritée et ensuite blessée ? En
» effet, le fluide avoit dû trouver facilement une disposition conductrice sur
» la lame du scalpel aiguë et imprégnée
» d'humeurs, à la base de laquelle étoient
» appuyées les dernières phalanges du
» pouce et de l'index : le fluide, dit-il, a

» probablement suivi le scalpel, et s'est » réfugié dans les doigts, où ayant ren- » contré des liquides circulans, il a in- » sensiblement altéré leur course, et a » fini par causer une torpeur dans ma » main, un peu lassée par une longue » dissection, ainsi que dans celle de mon » élève, qui étoit déjà fatiguée lorsqu'il » prit la souris, qui l'avoit mordu, pour » lui ouvrir le ventre (1). Où ce fluide » pourroit-il, dans le système animal, » mieux résider que dans le liquide, sé- » journant entre la membrane qui revêt » les fils nerveux et les nerfs eux-mêmes, » puisqu'il est, à ce que je crois, iden- » tique à l'électricité, à moins que la ma- » tière du nerf ne mérite la préférence? »

Cotugno communiqua cette hypothèse aux savants de l'Europe, dans une note savante (2), publiée en 1786, insérée

(1) Quoi qu'il en soit de ce système, on ne peut nier que, dans cette première idée de Cotugno, on n'aperçoive le germe des théories galvaniques.

(2) Voyez Poli, *Éléments de Physique*.

dans les actes de diverses académies, spécialement dans ceux de l'Institut de Bologne, et dans le journal Encyclopédique de cette ville, n°. VIII (1). Mais comme le savant napolitain en avait attribué la cause au fluide électrique, il crut dès-lors, que ce fluide *léger, devoit être le grand moteur* de l'organisme animal; ce fut pour lui une raison d'admettre l'électricité dans le système vivant; en conséquence, il la supposa pleine d'affinité et comme identique avec le fluide nerveux, et pensa qu'elle devait circuler dans ce liquide, qu'il nous a découvert le premier, et qui réside entre les enveloppes du système nerveux et les nerfs eux-mêmes. S'il ne poussa pas ses conjectures plus loin, on ne peut néanmoins disconvenir qu'il influa sur

(1) Ce n'est pas un *étudiant* de Bologne qui a remarqué et publié ce phénomène, comme l'a dit M. *Biot*, et comme l'ont répété depuis M. *Haüy*, p. 4, vol. II de ses *Éléments de Physique*, et M. *Sue* dans son *Histoire du Galvanisme*.

l'opinion du célèbre *Galvani* et du physicien *Vassalli*, qui, dans le principe, se déclarèrent zélés partisans de cette hypothèse ; ainsi on peut la considérer comme l'origine du système de *Galvani*.

D'après les faits qui viennent d'être rapportés, nous croyons pouvoir faire honneur de la première découverte qui nous a menés à la connoissance du galvanisme, à *Cotugno*, qui, par l'humanité qu'il a toujours eue pour ses semblables, s'est acquis des droits à la reconnoissance de tous les napolitains ses compatriotes, et ne mérita pas moins de fixer l'attention du monde savant, par ses vastes connaissances et la sagacité qu'il mettoit dans ses recherches : il devint membre des sociétés les plus respectables de l'Europe ; il s'exprimoit avec facilité et avec élégance dans les langues savantes, soit anciennes ou modernes ; c'est lui qui, étant entré dans l'amphithéâtre de Vienne, se sentit le courage de se rendre à l'invitation qui lui fut faite par un des professeurs qui connaissoit ses talents, et par un auditoire très éclairé d'Allemagne, et y parla, pendant long-temps, dans le latin le plus pur et le plus élégant. Ce maître consommé dans l'art médical et chirurgical, etoit l'ami d'*Haller*, d'*Hunter*, des plus célèbres naturaralistes, du fameux et incomparable *Spallanzani*, de l'immortel *Buffon*, de *Bonnet*, de *Lavoisier*, de *Soemmering*, de *Cullen*. Il rendoit sa pensée avec tant de clarté et de précision, que ses élèves pouvoient suivre les idées les plus abstraites qu'il leur développoit, sans qu'il eût besoin d'avoir recours à des objets sensibles pour leur en faciliter l'intelligence.

Ainsi le galvanisme tire, en quelque sorte, son origine de la ville de Naples; de cette ville célèbre qui s'est élevée sur les débris de la fameuse Parthénope, où les sciences et les arts fleurissent depuis tant de siècles, et qui promet encore de briller d'un nouvel éclat.

Le plus grand éloge que nous puissions faire de ce célèbre anatomiste, après ce que nous venons de dire, est de rapporter le grand nombre d'ouvrages qu'il a publiés, et qui tous servent à constater une découverte plus ou moins importante; tels sont les ouvrages :

1. — *De sedibus variolarum*, dans les glandes conglobées de la peau; glandes qu'il a fait connaître le premier.

2. — *De aqueductibus auriculae humanae internae.*

3. — *De ischiade nervosa.*

4. — *De la gaîne accessoire du nerf ischiatique.*

5. — *De l'institution anatomique* la plus simple, la mieux distribuée et la plus exacte.

6. — Il a découvert le premier que les rameaux nerveux qui arrivent au labyrinthe sortent par les trous de son axe, et que leurs fibres se perdent ensuite par leur propre division.

7. — Il est l'auteur de la découverte des vaisseaux lymphatiques, qui, du vestibule et du labyrinthe, se rendent à la cavité du crâne par un canal particulier.

8. — . . . . De celle de l'humeur qui arrose la cavité de l'oreille, c'est-à-dire de la lymphe, dans laquelle se plonge et au-dessus de laquelle surnage un flocon des fils nerveux du nerf acoustique.

9. — . . . . De celle des ondulations et des lois selon lesquelles l'atmosphère commune frappe la membrane du tympan.

10. — . . . . De celle des oscillations par lesquelles cette membrane pompe et transvase l'humeur qui arrose la cavité de l'oreille.

11. — Nous lui devons aussi un système très ingénieux sur la cause éloignée de la sciatique, qui est, selon lui, la structure faible de la gaîne qui enve-

loppe les nerfs qui s'échappent du grand trou intérieur de l'os sacrum, où il a trouvé les artères propres plus grosses ; il crut que la cause prochaine de la sciatique provenait de l'impression de la lymphe dénaturée qui y circule et qui imprime et communique la douleur à la substance nerveuse et à son enveloppe. Ainsi, dit-il, la faiblesse en est la cause immédiate (1); c'est pourquoi il conseille d'éloigner cette humeur, si l'on veut en obtenir la guérison.

Il a fait plusieurs autres observations qui se trouvent consacrées à l'Anatomie descriptive de l'homme en état de santé, et de l'homme en état de maladie.

FIN DU DEUXIÈME MÉMOIRE.

---

(1) Si la structure de la gaîne nerveuse est faible dans l'état de santé, il est de fait qu'elle l'est encore davantage dans l'état de maladie. Les vaisseaux comprimés dans la partie affectée, ayant alors moins de force pour faire circuler les liquides, se gonflent et deviennent, non seule-

ment de plus en plus faibles, mais encore douloureux : c'est pourquoi il faut éviter la compression, et administrer des moyens propres à rétablir l'équilibre et à raviver l'énergie des vaisseaux, plutôt que de chercher à éloigner cette humeur supposée, pour dissiper la douleur, causée souvent imprudemment, par un exercice superflu, ou par l'habitude de se tenir sur la partie affligée, qui alors est chargée d'un poids énorme qui le comprime et qui interrompt la circulation. Ces moyens sont les corroborants, et principalement les topiques qui fortifient les organes, rétablissent l'équilibre, ravivent la circulation particulière, et détruisent ainsi l'engorgement et par conséquent la douleur, si l'état pathologique n'indique pas quelqu'autre résolution curative.

PARIS, le 10 novembre 1805.

Le Secrétaire perpétuel de la Société Galvanique et des Recherches physiques, à M. PITARO, *Docteur en médecine et en chirurgie, Membre de la Société Galvanique, etc.*

J'AI reçu, monsieur et honoré confrère, et j'ai communiqué à la Société Galvanique le manuscrit que vous avez bien voulu m'adresser, ayant pour titre : PARALLÈLE PHYSICO-CHIMIQUE *entre le calorique, la lumière, l'électricité, le magnétisme, etc.*, ainsi que la *Notice historique sur les premiers faits qui ont conduit à la découverte du Galvanisme.*

La lecture en a fait le plus grand

plaisir à la Société, et elle m'a chargé de vous en faire agréer ses remercîments. Elle vous engage à vouloir bien lui communiquer la suite des nombreux travaux que vous avez faits sur le Galvanisme, bien persuadée qu'ils ne pourront être pour elle que du plus grand intérêt.

La lecture de ces mêmes ouvrages mérita aussi les applaudissements de la Société Médicale d'émulation, qui en a arrêté l'insertion dans la collection de ses Mémoires.

Daignez agréer, monsieur et honoré confrère, l'hommage de la plus parfaite considération.

NAUCHE.

IIIme.

MÉMOIRE.

CONSIDÉRATIONS ET EXPÉRIENCES SUR LA TARENTULE DE LA POUILLE, ET SUR LES ACCIDENTS CAUSÉS PAR LA PIQURE DE CET INSECTE;

PAR ANTOINE PITARO.

« Il Ragno contemplate. . . . .
» Quant' è del tatto il senso suo vivace
» Quant' è mai pronto, e quanto mai sicuro!
» Egli si guarda attento le sue reti,
» Che sembra dare ad ogni filo vita! »

Tarentule de Baglivi prise dans les Campagnes de Lecce.

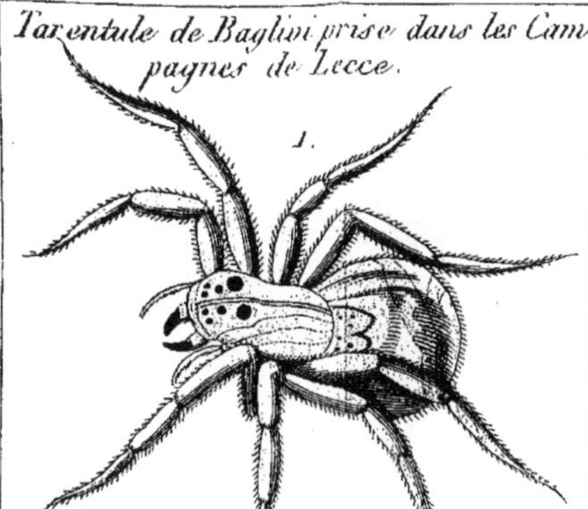

Tarentule de Valletta prise dans les Campagnes de Noccra de Pouille.

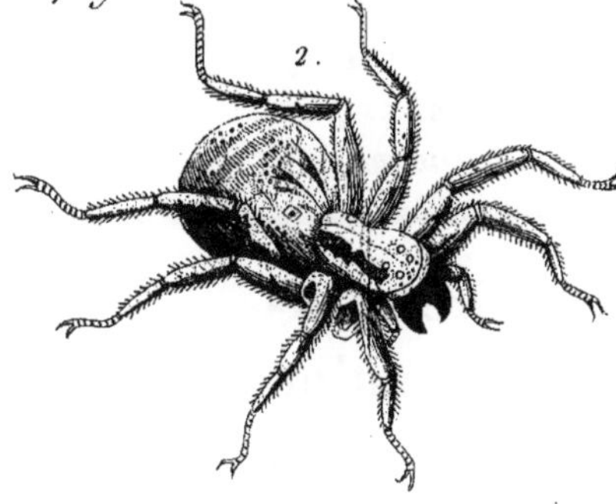

Tarentule de Pitaro prise dans les Campagnes de Squillace.

Tarentule vue en dessous ou par le ventre.

Tarentule d'Albin existante dans la collection de Sir Hans Sloanés prise dans les campagnes d'Otranto.

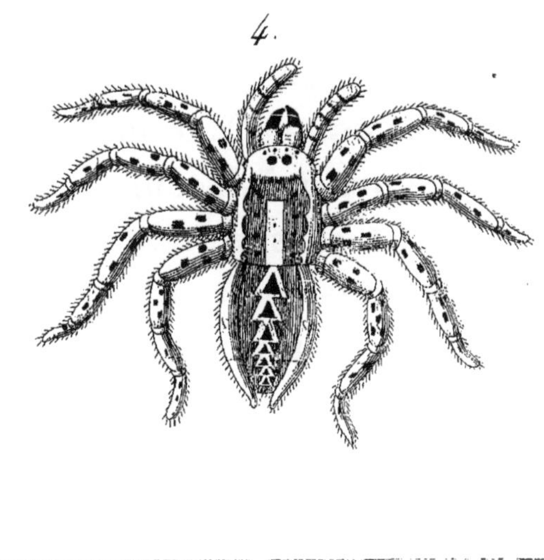

CONSIDÉRATIONS

Sur la Tarentule de la Pouille, et sur les accidents causés par la piqûre de cet insecte.

I.

INTRODUCTION.

> « Si ad naturam vives semper eris dives,
> « Si ad opinionem, semper eris pauper. »
> (*Epic. apud Senecam.*)

PARMI les branches de l'histoire naturelle, celle qui réclame le plus l'attention des naturalistes, qui étonne et surprend davantage l'entendement humain, est sans doute l'Entomologie, c'est-à-dire la science qui s'occupe à considérer les animaux sans vertèbres, ou l'insecte, qui est sans contredit un des chefs-d'œuvre de la Nature.

La multitude et la grande variété des

insectes, leur organisation, leur accouplement, leur génération, leur ponte; les métamorphoses qu'ils subissent, leur marche, leurs ruses, leur industrie; les massacres, la défense et les combats de ces animaux; leurs habitations, l'utilité des uns et les propriétés nuisibles ou dangereuses des autres, forment un sujet de contemplation très profonde et inépuisable pour l'observateur. Ces petits animaux, quoiqu'ils n'occupent qu'un très petit espace dans l'univers, produisent, en très peu de temps, des bandes immenses d'insectes, capables d'infester et de dévaster des contrées entières, s'ils ne tombaient en proie aux oiseaux et aux araignées.

Ces araignées, insectes eux-mêmes, pour lesquelles on a tant d'aversion, sont industrieuses, actives et très vigilantes. Cela est si vrai, que Pope en les admirant a dit :

« The spider's touch, how exquisitely fine!
» Feels at each thread, and lives along the line: »

Il y en a, dont la morsure fait beaucoup de

mal aux personnes qui en sont atteintes ; mais ce n'est que quelques espèces, dans certains pays et dans certaines époques de l'année. Les suites des blessures qu'elles font, ont attiré l'attention des médecins naturalistes, et les ont portés à admirer et à considérer ce phénomène, qui est si intéressant pour la physique, pour la physiologie, pour la clinique et pour l'histoire naturelle des animaux; mais des hommes accoutumés à nier tous les faits dont ils ne peuvent rendre raison, sont parvenus à tourner en ridicule et à faire révoquer en doute les accidents qui se manifestent après la morsure dangereuse de ces araignées, et particulièrement de l'araignée connue sous le nom de *tarentule*, accidents qui n'en sont pas moins certains.

Les gens qui travaillent à la terre sont particulièrement exposés à la piqûre de cet insecte, qui n'est guère venimeux que dans les provinces du royaume de Naples, qui furent autrefois la *Grande-Grèce*, et principalement dans la Pouille, où il inspire la terreur à tous les habitants; mais sa morsure n'est dangereuse que dans la canicule. Ce furent les Tarentins qui, les premiers, découvrirent, par une funeste expérience, la propriété venimeuse de cette araignée. Les médecins s'occupèrent d'un fait aussi intéressant pour la science; ils appelèrent l'araignée, *tarentule*, la maladie qu'elle produit, *tarentisme*, et le malade, *tarentulé*; mais comme le mot de *tarentisme* paraît dériver plutôt du nom de la ville près de laquelle se trouve la tarentule, que du nom de l'insecte lui-même, j'ai adopté le mot de *tarentulisme*, pour les effets que produit sa piqûre, et c'est celui dont je me servirai dans la suite de ce mémoire.

II.

De la Pouille et de ses habitants.

La Pouille est une des provinces orientales du royaume de Naples, bornée au N. et à l'E. par la mer Adriatique, au S. par le golfe de Tarente, à l'O. par l'Abruzze. Elle est très fertile ; les habitants sont d'un tempérament sec ; ils sont actifs, spirituels, et extrêmement passionnés ; ils s'adonnent à l'étude avec succès ; ils sont sujets aux maladies inflammatoires, à la mélancolie et à la manie ; en général toutes les maladies ont chez eux une très grande intensité. Il pleut très rarement en été dans la Pouille, et aux environs de la canicule l'air y est tellement raréfié et si chaud, qu'il semble sortir d'une fournaise ardente. Dans ce climat, non seulement le tarentulisme est plus fréquent que dans les autres provinces du royaume de Naples, mais les symptômes en sont beaucoup plus graves. J'ai vu plusieurs tarentulés, et j'ai eu assez souvent l'occasion de réfléchir sur le tarentulisme. Je me propose de donner dans ce mémoire le fruit de ma propre expérience ; j'établirai d'abord les faits, ensuite je tâcherai de les expliquer, en me servant des moyens que nous ont procurés les nouvelles connaissances que nous avons acquises. Je ferai la description de la tarentule, et j'exposerai quelques observations. Je rapporterai les opinions de ceux qui ont parlé de cet insecte et quelques unes des fables imaginées à ce sujet. Je raconterai quels moyens j'ai vu employer par les cultivateurs pour la guérison de cette affection, et ceux dont j'ai fait usage moi-même. Je parlerai des effets de la musique, et je rapporterai quelques expériences propres à démontrer l'idioélectricité de la tarentule dans un certain temps, et son anélectricité dans un autre; enfin je ferai quelques rapprochements entre les effets de sa piqûre et ceux que produit la morsure de quelques autres araignées, celle de la vipère et des animaux attaqués de la rage.

III.

Description de la Tarentule.

La tarentule est un aptère des provinces méridionales du royaume de Naples, une araignée venimeuse nommée *Phalangium apuliae*, et communément tarentule. Elle ressemble à l'araignée domestique, et est de la grosseur d'un gland; elle a huit pieds *trinods* et huit yeux ; elle est couverte de poils et jette une odeur fétide, comme celle des animaux carnivores; sa bouche est garnie de deux espèces de cornes recourbées, à pointes très aiguës et fort piquantes. Entre ses dards et ses deux jambes de devant, elle a deux espèces de palpes qui sont toujours en mouvement, mais principalement lorsqu'elle cherche sa nourriture; ses jambes et la partie inférieure du ventre, sont ponctuées de noir et de blanc, la partie antérieure est noire (*voyez* la figure de la planche). Ses yeux sont couverts d'une cornée humide et molle ; leur couleur est d'un jaune doré, et ils sont brillants comme ceux des chats dans les ténèbres.

Les tarentules se nourrissent de mouches et de papillons ; elles se battent entre elles, se tuent et se sucent ensuite ; elles font leurs toiles comme les autres araignées ; habitent dans les crevasses des murs, ou dans les trous qui se trouvent en terre. Pendant l'hiver elles s'y cachent, et alors elles ne piquent plus. On trouve, en disséquant la femelle, jusqu'à cent œufs dans son corps ; mais ordinairement elles n'en pondent que soixante à la fois ; la ponte a lieu vers la canicule, et elles conservent leurs œufs attachés à leur poitrine pendant environ trente jours, c'est-à-dire, jusqu'à ce qu'ils soient éclos. Elles gardent leurs petits jusqu'à ce qu'ils puissent se passer de secours et les défendent avec fureur ; c'est alors que leur morsure est le plus dangereuse. Les mâles ne sont pas venimeux, ils sont faibles et poltrons vis à vis de leurs femelles, qui les dévorent souvent, et dont ils ne s'approchent qu'en tremblant, mais ils ont un très grand soin de leur progéniture.

Les tarentules trament leur toile à l'orifice des trous où elles se réfugient, et l'on y voit un grand nombre d'insectes privés de leur sang, et qui leur ont servi de proie. C'est là que l'on peut quelquefois remarquer l'avidité avec laquelle elles sucent les humeurs vitales de ceux qui sont récemment tombés dans leurs filets.

IV.

Diverses opinions que l'on a eues sur le tarentulisme.

La répugnance et l'aversion qu'inspirent les araignées est presque générale, et l'on ne peut disconvenir qu'elle ne soit bien fondée. Ces insectes sont affreux à voir; d'ailleurs, il y en a dans les quatre parties du monde, de très dangereux. L'île de Ceylan produit une espèce d'araignée monstrueuse dont la morsure est dangereuse; on en trouve aussi du même genre dans l'île de Corse, en Guinée et à Madagascar. Au cap de Bonne-Espérance, il existe une araignée de la grosseur d'un pois, dont la morsure est fatale. On trouve de vraies tarentules dans la partie septentrionale de l'Afrique et dans la partie occidentale de l'Asie. La morsure de la petite araignée de Saint-Domingue, appelée araignée *veloutée, à cul rouge*, cause une douleur si vive que plusieurs personnes ont failli y succomber, et que d'autres en sont mortes. Ces faits sont connus des Français et des Anglais, et avérés par des témoignages irrécusables.

La piqûre de la tarentule a été généralement regardée comme très dangereuse, ainsi que celle des araignées dont je viens de parler; mais les contes extravagants que le charlatanisme et l'imposture ont mêlés avec la vérité, ont été cause que les physiciens qui ne veulent pas croire légèrement, ont regardé comme fabuleux tout ce qu'on avait dit d'extraordinaire sur la tarentule. C'est ainsi que l'on s'est refusé à croire que la musique était l'antidote contre les effets de la morsure de cet insecte, quoique l'effet de la mélodie et de l'harmonie sur tous les hommes soit généralement reconnu.

Je n'entreprendrai pas de rapporter toutes les absurdités que l'on a débitées sur l'araignée de la Pouille et sur le tarentulisme; elles sont en trop grand nombre. Je me contenterai de citer un passage singulier que l'on trouve dans un des dialogues de *Pontanus*, écrivain napolitain, fameux dans le quinzième siècle, et fondateur de la première académie établie en Europe, à laquelle il donna son nom, et qui fut appelée *Academia Pontaniana*.

Joannis Joviani Pontani Antonius dialogus.

Hospes Siculus, Compater Neapolitanus.

«.... Cæteros quidem homines, cum nulli non stulti essent, vix stultitiæ suæ ullam satis honestam afferre causam posse; Apulos verò solos, paratissimam habere insaniæ excusandæ rationem; Araneum illum scilicet quam tarantulam nominant, e cujus ammorsu insaniant homines; idque esse quam felicissimum, quod ubi quis vellet insaniæ quem fructum cuperet, etiam honeste caperet. Esse autem multiplicis veneni araneos, atque in iis etiam, qui ad libidinem commoverent, eosque *concubitarios* vocari. Ab hoc araneo ammorderi quam sæpissimè solere mulieres, licereque tum illas, fasque esse liberè atque impunè viros petere, quod id venenum alia extingui ratione nequeat; ut quod aliis flagitium mulieribus, id Apulis remedium esset; an non hæc summa felicitas tibi videatur? etc.»

Pontanus était sans doute un des meilleurs esprits de son siècle, mais il n'était ni observateur, ni médecin. Est-ce l'ignorance, est-ce l'esprit de contradiction qui permettait alors de regarder les débauches des femmes de la Pouille comme l'effet du tarentulisme ? c'est ce que je ne saurais dire; mais, de nos jours, on ne croit plus à des fables aussi absurdes; et ce qu'il y a de certain, c'est que des écrivains antérieurs à Pontanus, et contemporains, qui n'étaient point étrangers aux sciences naturelles, ne disent rien de ces étranges effets : je citerai particulièrement l'illustre *Alexander ab Alexandro*, jurisconsulte napolitain, qui, dans son ouvrage *De genialibus diebus*, au chap. XVII du 2e. livre, parle avec beaucoup de détail de la tarentule, et raconte, sur les effets de sa morsure et sur les moyens de la guérir, des faits semblables à ceux dont j'ai moi-même été témoin. Ce chapitre extrêmement curieux est le suivant :

« Theophrastus philosophus præstabili vir sapientia, academiæ post Aristotelem, successor, in rebus physicis et mathematicis magna doctrina et æstimatione fuit. Eum litteris mandasse accepimus, quibusdam viperarum morsibus cantus tibiarum aut fidicinum, atque alia organa artis musicæ modulatæ adhibita, aptissimè maderi : quod et Asclepiades medicus litteris prodidit qui phreneticos mente imminuta et valetudine animi affectos, nulla re magis quam symphonia et vocum concentu ac modulis resipiscere, et sanitate restitui censuit. Fertur quoque Ismenias Thebanus plures Bæotiorum ischiadicos, et coxendicum dolore laborantes incentione tibiæ bonæ valetudini restituisse. Tanta hominis naturæ cum harmonia consensio est. Quod cum credi vix posset, nuper id nobis cùm casu ad id incideremus, pro explorato et comperto fuit. Siquidem *a tarantula*, id est, phalangio percussos, quos vulgo *tarantatos* dicunt, haud aliter ex ancipiti morbo convalescere vidimus quam si tibicen vel citharista juxta eos, diversos modulos incinat, ut pro veneni qualitate, ita harmonia et audiendi illecebra capti, venenum illud vel ex intimo corpore dilapsum effundant, aut sensim per venas diffusum dilabatur. Tarantula enim aranei genus est, dirum animal, tactu pestilens : eam si casu spectes, futilem et sine noxa putabis et sanè reliquo anni tempore minimè perniciosa aut exitialis, vix aliquid nervorum aut virium ad nocendum habet. Cum verò æstu anni flagrantissimo, assiduo sole Apuliæ campos, ubi peculiare hoc malum existit, torreri cœptum est; tum maximè seu afflatu noxio, seu æstu accensa morsu virulento pestiferam perniciem affert : cui tanta malo vis est, ut quemcunque morsu percusserit, nisi celeri remedio succurratur, aut stupor exitialis primo, deinde certa nex subsequatur necesse est : aut si qui fortè vitæ damnum evaserint, veluti abalienati mente, et semivivi, continuo stupore et hebeti sensu oculorum auriumque affecti, vitam miserabilem ægerrimè ducant. Huic pesti et tam præsenti malo quantum provideri humana diligentia valuit, unum hoc salubri remedio esse compertum est, si protinus tibicen aut citharista varios concinat modos. Tunc enim morbo ejusmodi percussus, qui moribundus, et sermonis et oculorum sensus amiserat, quique nec ingredi, nec fari, neque aliquo sensu frui valuerat, mox ubi tibiam aut citharam admotam propius audit, illo miti sono et concentu captus et demulsus, velut è gravi somno excitus, oculos attollit parumper, mox se in pedes erigit, ac sese recipiens, paulatim pro modulo et pulsu sonorum, servata psallendi lege ingreditur. Tunc enim inaugescente sono, quasi permulsis animis et confirmatis, exultabundus maximo nisu, atque impetu in saltus gestusque, nec indecoros, neque a pulsu citharæ dissonos erumpit : ita ut etiam rudes et ignari, psallendi modos docti in ludo videantur. Memoria repeto dum per loca illa diutino situ squalida, et ardore solis ferventia, cum aliquot comitibus iter intenderem, undique oppida et vicos, alia tympanis, nonnulla fistulis, pleraque tibicine circumsonantia audisse : cujus rei causam quærentibus nobis relatum est, tarantulæ morbo affectos undique per oppida curari. Cumque ejus rei gratia in pagum quondam diverteremus, invenimus adolescentem morbo ejusmodi affectum, qui velut repentino furore ictus, et mente abalienatus, corporis motu non indecoro, et manuum pedumque gestibus ad tympanum psallebat non inconcinniter, utque vehementiùs modos acciperet, quasi illo pulsu demulceri animus et leniri dolor videretur, sensim et placidè aures tympano admovere, mox caput, manus et pedes crebro motu concutere, et demum in saltum se attollere videbamus. Quæ res cùm ludo et risu prorsus digna visa foret, interim is qui tympanum pulsabat, sonitu parumper intermisso, pausam fecit. Atque illum morbo affectum, ubi præcentio illa quievit veluti attonitum, stupentique similem, repente animo linqui, et omni sensu destitui cernimus. Rursus resumpto tympano, ubi primum modulos audivit, pristinas illum vires resumere et acrius in choreas insurgere spectabamus. Creditum est, quod a vero non abhorret, vim illam veneni virulento morsu et sanie conceptam, harmonia et vocum concentu per totum corpus diffundi, atque inde fato nescio quo dilabi et exinaniri. Ideo illos qui morbo ejusmodi laborarunt, si quid reliquarum residuum fuit, quod penitus curatum non sit, si quando sono extrinsecus vel concentu illorum aures affici contigerit, veluti mente consternatos, toto corpore et animo concuti, ac manibus pedibusque gestire compertum est, donec vis illa tabifica penitus extincta fuerit. Nos etiam quædam aranearum genera et scorpionum, precipuè apud Albanos et Hiberos gigni, litteris mandatum legimus, lethiferi morsus, quibus affectos homines tam dira inficiunt tabe, ut quosdam ridendo, non nullos flendo, alios diverso animorum habitu mortem oppetere compellant. Illud tamen proditum memoriæ est, in Arabia viperas minus esse lethales, nec morsus lethiferi, quod odoratis depastæ, virulentæ non sunt, etc. (1)

Plusieurs médecins célèbres, révoltés de tant d'extravagances et des puérilités débitées contre un tel accident par des plaisants, étrangers à l'histoire naturelle, et n'étant pas à portée de vérifier eux-mêmes les effets du tarentulisme, sans nier l'existence de ce phénomène, avaient fini par le ranger au

(1) Si l'on peut faire quelques reproches au style et aux idées de *Pontanus*, que pourra-t-on opposer au récit éloquent et judicieux d'*Alexander ab Alexandro*? Ce savant, justement admiré par son esprit et par l'étendue de ses connaissances, rapporte avec simplicité des faits dont il a été témoin, sans adopter aucune des absurdités admises de son temps par les antagonistes du tarentulisme.

nombre des maladies nerveuses simples ; d'autres l'ont regardé comme la *chorea sancti viti*, ou comme la *schedulo-monitoria ;* quelques uns comme la *schelotyrbe sancti viti;* d'autres comme la *schelotyrbe instabilis ;* et d'autres enfin comme la *Raphania*. *Sauvages* et *Nollet* l'ont rejeté sans l'avoir observé. Il est certain que les idées de *Cullen*, de *Sydenham*, de *Sauvages*, de *Linneus* et de *Serao*, sur le tarentulisme n'ont rien de commun avec ce qu'en ont dit l'illustre *Alexander ab Alexandro*, *Baglivi*, *Mead*, *Schuchzer*, *Grube*, *Gouye*, *Geoffroy*, *Valletta* et *Albin*, qui tous ont confirmé l'existence du tarentulisme, parce qu'ils avaient été à portée de voir des tarentulés et d'être témoins des effets que produisent les morsures de la tarentule.

Au reste, il n'est pas étonnant que les habitants des pays froids, où l'énergie vitale est si peu active, et où la Nature agit toujours avec lenteur, n'aient pu ajouter foi à l'activité du venin tarentulique et à la manière d'en arrêter les effets, manière qui sort entièrement des idées généralement reçues. Il n'en est pas de même des pays méridionaux, où

« La terra molle e lieta e dilettosa
» Simili a se gli abitator produce. » (TASSO.)

Mon but est de dégager l'histoire de la tarentule, du merveilleux dont elle a été enveloppée jusqu'à présent ; et j'ose me flatter que les hommes de bonne foi ne pourront pas se refuser à croire au pouvoir de la musique pour faire cesser les accidents qui sont ordinairement la suite de la piqûre de cet insecte. L'efficacité d'un pareil antidote une fois reconnue dans ce cas particulier, pourra ouvrir de nouvelles routes à l'art de guérir, et si l'on peut parvenir à l'appliquer avec succès dans des cas analogues, il nous donnera peut-être de nouveaux moyens de soulager l'humanité souffrante.

V.

Effets de la piqûre de la tarentule.

La piqûre de la tarentule cause sur le point affecté une douleur très aiguë, comme celle d'une brûlure, qui se répand ensuite dans tout le système organique avec un frisson général, et jette celui qui en est atteint dans une langueur extrême ou dans l'égarement : ces accidents sont accompagnés d'une pâleur cadavéreuse. Divers autres symptômes se manifestent; comme un rire convulsif, une grande envie de parler, et quelques fois de grands cris. Chez d'autres malades les symptômes sont différents; on remarque chez eux une grande taciturnité et de l'assoupissement, quelquefois une tristesse qui les porte à pleurer; souvent ils ont de la répugnance pour certaines couleurs, particulièrement pour les couleurs sombres. Ces symptômes varient dans chaque individu, et ont plus ou moins d'intensité, probablement selon les différents degrès d'activité que peut avoir le venin de l'insecte et le degré de susceptibilité de l'individu piqué; et peut-être encore selon l'état de l'atmosphère.

Ce que dit Baglivi dans une dissertation sur la tarentule, publiée en 1696, vient à l'appui de ce que j'avance. Selon lui, cet insecte est comme enragé dans la canicule; sa morsure cause alors sur le point affecté une douleur semblable à celle qui est produite par la piqûre d'une abeille *dans les pays chauds*. Au bout de quelques heures, on sent un engourdissement, et la partie affectée se trouve marquée par un petit cercle livide qui, bientôt après, devient une tumeur très douloureuse. Le malade tombe dans une profonde mélancolie, sa respiration devient très gênée, son pouls faible; la connaissance diminue insensiblement, et il finit par perdre le mouvement et le sentiment; alors il meurt, si l'on ne vient pas le secourir. La description de cet illustre médecin est si juste et si exacte, que *Geoffroy*, *Mead*, *Grube*, *Schachezer*, *Gouye*, *Valletta* et *Albin*, qui tous ont écrit après lui, font à peu près le même rapport.

VI.

Tarentulisme observé dans la Calabre méridionale.

Etant à *Borgia*, en 1789, je fus témoin oculaire d'un accident de ce genre, arrivé à un valet de labour, homme simple et incapable d'en imposer; mais j'étais alors trop jeune, et mes connaissances étaient trop peu étendues, pour que j'aie pu faire un rapport raisonné de ce que j'avais vu. Néanmoins, malgré ma jeunesse, ce phénomène avait fait sur moi une impression si vive, que je n'ai jamais oublié les symptômes qui se sont alors manifestés; j'ai même retenu l'ordre dans lequel ils se sont succédés. Il fixa d'autant plus mon attention, que mon père, en qui j'avais toute confiance, et qui ne croyait pas légèrement les choses extraordinaires, avait suivi pendant longtemps la marche du tarentulisme, et était bien loin de nier son existence.

En 1793, époque à laquelle j'étais plus en état de juger des choses par moi-même, j'ai été témoin d'un phénomène de la même nature, conjointement avec un naturaliste qui cherchant, ainsi que moi, à constater la vérité du fait, n'aurait pas manqué de découvrir l'imposture, si l'homme qui était tombé dans l'accès avait cherché à nous en imposer. Nous avons suivi le malade jusqu'à ce qu'il ait été guéri, et je vais rapporter les faits dans l'ordre où ils ont eu lieu, et tels que nous les avons vus : j'ose espérer que les savants qui étudient la marche de la Nature, ne les jugeront pas indignes de leur attention.

J'étais à *Palygorio*, dans une maison de campagne qui appartenait à mes parents. Un des moissonneurs qui travaillaient dans un champ voisin, âgé de 27 ans, d'une forte constitution, d'un tempérament sanguin-bilieux, extrêmement gai, lassé du travail qu'il avait fait à la plus forte ardeur du soleil, alla se mettre à l'ombre, sous un vieux chêne très touffu qui était à environ cinquante pas de nous ; là, étendu sur le sol, il s'abandonna au sommeil. Il fut bientôt troublé par un insecte, qui s'engagea dans ses guêtres et le mordit à la jambe droite. Il fit d'abord peu d'attention à cette morsure et se contenta de la frotter un instant avec la main ; il se coucha une seconde fois et voulut se rendormir ; mais ce fut en vain, la douleur augmenta progressivement, et, une heure après, il tomba dans un évanouissement qui fut suivi de vomissement, d'engourdissement, et de frisson.

Ses compagnons se rassemblèrent autour de lui, et vinrent à son secours. L'empressement qu'ils y mirent fixa notre attention, et nous allâmes les rejoindre pour savoir ce qui était arrivé. Nous trouvâmes l'homme qui avait été piqué, couché et dans l'état que je viens de dépeindre. On lui demanda la cause de ses souffrances ; il répondit qu'il avait été piqué à la jambe, avait éprouvé une douleur brûlante, et s'était senti tout bouleversé. Aussitôt les moissonneurs délacèrent ses habillements et ses guêtres, et ils trouvèrent, sur la jambe droite du patient, une petite araignée écrasée, tout près d'une goutte de sang qui formait le centre d'un cercle livide, dont le diamètre était de deux lignes. Ce cercle était au milieu d'une tumeur de huit lignes de diamètre, très dure au toucher, fort douloureuse, et d'un rouge très vif : nous reconnûmes tous que l'araignée était une vraie tarentule.

Ces hommes qui connaissaient les effets de la piqûre de cet insecte, craignant d'agiter le moral du malade, lui cachèrent le risque qu'il courait, et lui donnèrent les secours que l'on administre ordinairement en pareil cas, dans les pays où cet accident n'est pas très rare. Ils mirent sur la piqûre l'araignée écrasée, et lièrent par-dessus deux pièces de monnaie d'un métal différent, après les avoir mouillées de leur salive. Ils laissèrent le malade en repos, et le restaurèrent avec quelques gorgées d'eau et de vin, ensuite ils se remirent au travail. L'un d'eux alla chercher une guitare et deux morceaux de fer-blanc, chacun de la grandeur de la plante du pied. A la brune, ils virent que le malade était très abattu et ils le décidèrent à se mettre au lit; mais ils eurent la plus scrupuleuse attention de ne point lui parler de la cause de son mal. Il pouvait être sept heures du soir; le Thermomètre était à 30° $\frac{1}{2}$ le Baromètre à 28 pouces, 4 lignes; l'Igromètre indiquait l'extrême sécheresse, et l'Électromètre annonçait que l'atmosphère était chargée d'électricité; en effet, le conducteur de l'aimant adhérait aux pôles de la Pierre d'aimant, plus étroitement qu'à l'ordinaire.

Les symptômes du moissonneur qui avait été piqué firent de grands progrès. Il était pâle et dans une espèce d'évanouissement; son pouls était à 56 puls. et sa respiration très gênée : toutes les fonctions se trouvaient dérangées. Il avait la peau aride ; la chaleur de son corps n'était élevée qu'à 26 ° du Thermomètre de Réaumur ; sa connaissance était troublée, et il avait presque perdu le mouvement et le sentiment. Dans cet état de désordre, ses compagnons lui conseillèrent d'appliquer, sous la plante de ses pieds, les deux lames de fer-blanc qu'ils avaient apportées, en lui promettant qu'il en éprouverait du soulagement. Il y consentit, et à huit heures et quart elles y furent attachées ; en même temps, ils déplacèrent l'appareil appliqué sur la piqûre, mirent l'araignée entre les deux monnaies salivées, et les remirent, comme avant, sur la morsure. Les symptômes subsistaient encore avec la même violence à neuf heures et demie. Les moissonneurs soupèrent alors ; ensuite feignant de vouloir se divertir, ils jouèrent sur leur guitare, qui avait des cordes de laiton, l'air appelé la

Tarantella (1), et d'autres airs d'une mesure très vive. Vers les dix heures ils se mirent à danser, dans l'espoir de l'attirer parmi eux; mais ce fut inutilement et il ne témoigna aucun désir de se mettre en mouvement. Au contraire, il donna lieu de croire que la danse l'importunait; car, au moment où l'on s'y attendait le moins, il jeta un grand cri, et quelques instants après il se fâcha contre ce divertissement qu'il trouvait déplacé : cependant il n'insista pas, et ses compagnons continuèrent leur danse. Aussitôt qu'ils eurent cessé, ils jouèrent différents airs sur leur guitare, et plus fréquemment la *tarantella* que les autres.

On s'aperçut que le malade prenait insensiblement de l'activité. En effet,

---

(1) On croit que cet air est un des restes de l'ancienne musique grecque, sur lequel les habitants de la Grande-Grèce exécutaient autrefois une danse très gaie et très animée, comme font aujourd'hui les habitants de la Pouille et du midi du royaume de Naples, dans leurs récréations.

vers les onze heures, son pouls était à 70 puls. et la respiration moins gênée; la transpiration sensible se manifesta peu à peu, et la chaleur de son corps commença à s'élever et à monter jusqu'au trente-deuxième degré du Thermomètre de Réaumur. Les moissonneurs continuèrent leur musique avec une nouvelle ardeur, et ils eurent la satisfaction de voir le malade moins triste et se mouvoir pour se lever. Il se tint effectivement sur ses deux jambes et marcha un peu, en réglant ses pas sur la mesure de l'air de la *tarantella* que l'on jouait alors. Il se coucha bientôt après, mais il faisait dans le lit des mouvements toujours en mesure.

Le malade n'avait pas encore repris toute sa connaissance; cependant il commençait à répondre plus à propos aux questions qu'on lui faisait. La pâleur se dissipa, le mouvement se rétablit et les fonctions du corps commencèrent à se remettre en équilibre, vers une heure trois quarts après minuit; mais le malade était toujours très faible, quoiqu'il commençât à respirer avec assez d'aisance. On continua tous les jours à faire de la musique à côté de lui; il ne manquait pas de marcher toujours plus facilement, et il finit par faire cinq à six sauts. Il fut nourri d'abord avec du bouillon gras et des croûtes de pain trempées dans du vin de Calabre; ensuite on lui accorda, une fois par jour, deux onces de viande blanche grillée, et on lui donnait pour boisson, de l'eau avec un peu de vin.

Le cinquième jour de la maladie les symptômes disparurent presque entièrement, et le système organique sembla avoir repris toutes ses facultés; mais les yeux du malade parurent légèrement jaunes, il avait de la répugnance à rester dans la cabane où il avait été déposé, parce qu'elle était obscure, et que la couleur foncée des murailles l'incommodait beaucoup. Il fut exposé sur-le-champ, et pendant une demi-heure, à la chaleur d'un *four* qui avait été chauffé très modérément; on lui donna de la nourriture comme à l'ordinaire, et on l'exerça ce même jour très peu avec la musique : mais il aimait à l'entendre.

Le sixième jour, les fonctions du malade se trouvèrent parfaitement en équilibre, mais la couleur jaune de ses yeux existait encore, et il avait la même répugnance à regarder les murailles de sa cabane. On le transporta dans un lieu mieux éclairé, et on le mit une seconde fois dans le four où il avait été déjà conduit. On lui fit prendre un peu de thériaque dans du vin rouge, et quand on le retira du four, le dernier symptôme avait totalement disparu.

Le septième jour le malade était dans son état naturel et avait repris sa gaîté ordinaire; néanmoins on le tint au même régime jusqu'au quinzième jour. Il aimait bien à entendre faire de la musique, mais il ne marcha plus et ne fit non plus aucun mouvement. On lui apprit alors qu'il avait été piqué par une tarentule. Aucun accident n'a reparu, et depuis cette époque il a joui d'une bonne santé.

L'homme dont je viens de parler nourrissait sa famille de son travail ; il était simple, sobre et paraissait être content de son sort. Il n'avait jamais entendu parler de la piqûre de la tarentule, et ignorait certainement qu'il avait été piqué par une de ces araignées ; et l'on doit être persuadé qu'il était bien éloigné de vouloir en imposer en aucune manière. Ce fait, qui se passa sous mes yeux, et où je ne pouvais supposer aucune supercherie, me convainquit de l'existence du tarentulisme, et je ne m'occupai plus, dès lors, qu'à tâcher d'en démêler les causes.

VII.

Recherches sur les causes qui produisent les accidents déterminés par la piqûre de la tarentule.

Les faits que nous venons de rapporter et ceux qui sont cités par Baglivi semblent autoriser à tirer les conclusions suivantes :

La tarentule, en piquant, divise les parties qu'elle attaque, et elle laisse sans doute dans la plaie une humeur très excitante et diffusive, qui stimule fortement la circonférence de la piqûre ; cette humeur y cause une sensation brûlante ; elle étrangle probablement les pores et les petits vaisseaux qui se trouvent dans les parties environnantes ; alors les contenus ne pouvant plus y circuler, ils doivent former une tache livide qui circonscrit cette même piqûre.

Il paraît que ce stimulant est si diffusif qu'il se répand promptement dans tout le systême organique de la peau, et par sa grande activité contracte les vaisseaux au point de retarder la circulation. Il abat le systême des nerfs, ainsi que l'organe de la respiration, et facilite, par le moyen de la transpiration, la dépense du calorique naturel. Ces trois effets doivent à leur tour être les causes du frisson et de l'engourdissement général qui commencent à avoir lieu.

D'après le rapport intime qui existe entre les organes de la peau et les viscères, il suit que le trouble excité dans ces organes, se communiquant à l'estomac et aux autres viscères, produit l'évanouissement et le vomissement; la même action agit sur le diaphragme, sur les muscles intercostaux, cause leur abattement, et rend la respiration gênée et stertoreuse.

Le retard de la circulation du sang artériel est la cause immédiate de cette pâleur cadavéreuse qui se répand sur la figure et sur toutes les parties du corps, et de l'interruption légère de toutes les fonctions. L'excitabilité s'épuise insensiblement, et il en résulte cette profonde tristesse que l'on remarque souvent chez ceux qui ont été piqués par la tarentule. Lorsque l'excitabilité est en quelque sorte épuisée, la connaissance s'affaiblit, et le malade finit par perdre entièrement le sentiment. La contraction qu'éprouvent les vaisseaux, doit rendre aussi le pouls très serré, et s'opposer insensiblement aux mouvements organiques des muscles. Les humeurs des yeux doivent être altérées par la même raison, et le mécanisme de l'organe visuel est troublé ; delà vient cette répugnance que le malade éprouve à regarder les superficies noires ou bleues, et en général toutes les couleurs sombres, parce que les rayons lumineux étant absorbés sur ces superficies, sa vue se fatigue en cherchant à distinguer les objets.

Le tarentulé reste dans cet état, privé de tout mouvement, jusqu'à ce que l'action du venin commence à perdre de sa force; mais la durée de son action étant trop longue, elle épuiserait presque la vie du patient, si l'art ne venait à son secours; l'expérience a même constaté qu'il y périrait. Il est donc important de trouver les moyens les plus efficaces d'arrêter les effets de ce venin, et les moyens qui peuvent conduire le malade jusqu'à une parfaite guérison. Je me propose en premier lieu, à l'aide de la marche des symptômes que je viens de décrire et des conclusions que j'en ai tirées, de tâcher de démêler les parties sur lesquelles il est nécessaire d'agir, ensuite je m'appuierai des moyens curatifs constatés par l'expérience pour donner un développement raisonné au traitement de cette maladie.

VIII.

Therapeutique du Tarentulisme.

Il paraît que le venin de l'animal se porte d'abord sur les parties externes du corps, lesquelles se trouvant troublées agissent à leur tour sur les parties internes, et comme ces dernières sont les plus essentielles à la vie, lorsqu'elles se trouvent attaquées, la machine est entièrement en désordre. Je pense que le siége du mal doit résider dans les organes de la peau et que c'est là qu'il faut l'attaquer. Je suis même persuadé que tout stimulant tonique qu'on introduirait dans les organes de la digestion, ne pourrait causer qu'une réaction des parties internes sur les parties externes, qui, en augmentant le désordre de la machine, deviendrait très nuisible. Au contraire, les remèdes légèrement excitants, appliqués à l'extérieur, agissant sur les parties affectées, peuvent les aider à revenir dans leur premier état; et, à mesure qu'elles reprendront leur équilibre, tous les autres symptômes qui, dans cette hypothèse, doivent être regardés comme des accidents, cesseront infailliblement puisque la cause qui les aura produits sera détruite.

IX.

Matière médicale du Tarentulisme.

L'expérience qui prouve l'utilité de la musique pour soulager ceux qui ont été piqués par la tarentule, semble venir à l'appui de cette opinion ; en effet, les vibrations d'un corps sonore, se communiquant au tissu de la peau et aux parois même de la capacité du poumon, peuvent agir jusque sur le système musculaire et le déterminer à une réaction et à recouvrer son équilibre. Mais l'impression que les vibrations doivent produire, dépendent des dispositions actuelles du malade; ainsi, les uns éprouveront du soulagement par les sons d'une flûte ou de tout autre instrument à vent, les autres ne pourront sortir de leur assoupissement que par les sons d'un instrument à cordes ; et pour d'autres enfin, il faudra faire résonner des sons encore plus aigus.

Baglivi dit que les moyens de faire cesser les accidents qui suivent la piqûre de la tarentule, sont d'administrer au malade quelques bains, de lui faire quelques frictions, et de lui donner des cordiaux et des sudorifiques. Mais il est obligé d'avouer que les effets de tous ces remèdes ne sont rien, en comparaison de ceux de la musique : il dit qu'à l'action de cette puissance, le malade fait subitement des mouvements qui font connaître au médecin l'instrument, la mesure et l'air musical qui lui conviennent le mieux et qu'on doit employer, ou bien ceux qu'on doit rejeter. Dès que le malade entend un air qui lui convient, il se lève quelquefois, dit ce célèbre médecin, et danse pendant trois ou quatre heures, sans discontinuer : il suit exactement la mesure, mais il fait des mouvements sans régularité et sans grâce, qui augmentent de vitesse progressivement et deviennent quelquefois très forts. Cet exercice, dit le même auteur, doit continuer pendant six ou sept heures; et lorsque le malade a commencé à être fatigué et à avoir de la répugnance pour la danse, il recouvre ses facultés sans se souvenir de l'évènement qui lui était arrivé. On en a vu qui ont été guéris après le premier exercice. Geoffroy, Mead et d'autres médecins croyent, ainsi que Baglivi, que la musique est le seul remède efficace. Mais je pense que l'on pourrait hâter la guérison ou procurer un soulagement plus grand au malade, ou encore, prévenir quelques accidents, si l'on employait les remèdes suivants, que je me permets de proposer ici.

Je crois qu'il faudrait placer le malade dans une chambre bien éclairée, afin qu'il ne fût pas obligé de se fatiguer la vue pour distinguer les objets. On le poserait pendant un certain temps dans une position horizontale, pour que ses organes pussent exercer leurs fonctions avec la moindre action possible, et on ferait auprès de lui, ou avec lui, une conversation propre à le distraire, pendant qu'il conserverait sa connaissance.

Je pense qu'il serait utile de le soumettre à l'influence galvano-métallique, dès que l'excitabilité du malade commence à s'accumuler pour exciter la sensibilité de la peau, et faciliter, par ce moyen, les mouvements organiques. Cette action deviendrait plus durable, si l'on appliquait à la plante des pieds et sur la piqûre, des plaques de cuivre et de zinc; et, à la longue, elle contribuerait au rétablissement du mouvement péristaltique du système viscéral, et lui donnerait la force nécessaire pour rétablir ses fonctions.

Quoique je ne sois pas d'avis que la musique soit le seul remède dont on puisse faire usage, je le regarde cependant comme indispensable et comme l'agent que l'expérience nous a démontré être le plus propre à déterminer l'excitabilité et à mettre en action les puissances musculaires ; mais je crois qu'il faut le plus souvent une musique d'un mouvement vif et animé, parce que les vibrations souvent répétées renouvellent toujours leur effet, et le soutiennent sur le physique, en le restaurant sans cesse.

Il serait aussi très utile d'exposer le malade à une chaleur un peu forte, soit dans une étuve ou par tout autre moyen, afin de présenter à l'organe de la respiration un air plus propre aux jeux des affinités qui dirigent l'opération du poumon et de la transpiration, d'équilibrer la température du corps, et de réduire la liquidité des contenus à leur état naturel ; et il conviendrait de le soumettre à l'action de la chaleur, plusieurs fois et jusqu'à ce que la respiration fût devenue parfaitement libre.

On pourra donner au malade de l'eau avec un peu de vin, pour humecter les parois de l'estomac, délayer les sucs gastriques, et entretenir les fonctions des vaisseaux absorbants. L'usage du bain me paraît aussi devoir être utile, pourvu qu'il ne soit pas trop chaud ; alors il communiquera à tout le système organique une chaleur égale, qui le fortifiera doucement, le calmera et l'aidera à exercer ses fonctions et à réparer l'humidité nécessaire lorsque la peau est aride. En accordant au malade quelques croûtes de pain trempées dans du vin, on exercera les organes de la digestion et l'excitabilité, si elle est libre ; pour cette même raison, il convient ensuite de lui accorder un aliment discret et animal.

Les moyens curatifs que je viens d'indiquer, sont tous conformes à ceux que j'ai vu employer par les moissonneurs qui ont guéri, sous mes yeux, celui de leurs compagnons dont j'ai déjà raconté l'histoire. Ces moyens, connus de tous les gens du pays où les accidents causés par la piqûre de la tarentule ne sont pas rares, ont peut-être été le fruit d'une science ancienne, et qui s'est perdue dans ce pays classique, où la secte italique eut pour objet principal de ses recherches l'homme physique et l'homme moral, et où l'on découvre encore de ses traces philosophiques; peut-être aussi, et c'est ce qui me paraît le plus vraisemblable, ont-ils été découverts par le hasard. Quoi qu'il en soit, leur efficacité pour guérir les tarentulés, efficacité dont je ne puis douter, m'a paru digne de fixer mon attention, et ce n'est qu'après être parvenu à me rendre raison de chacun d'eux, que j'ai pris le parti de les adopter.

X.

Digression.

Mais ce qui, dans le cours de mes recherches, m'a causé le plus d'étonnement, a été de trouver parmi les moyens curatifs employés par les moissonneurs, hommes ignorants, qui ne pouvaient en avoir connaissance que par une ancienne tradition; de trouver, dis-je, parmi ces moyens, des traces d'une découverte qui vient d'être faite de nos jours : on conçoit déjà que je veux parler du *Galvanisme*. En effet, les deux pièces de monnaie de métal différent, mouillées de salive, et entre lesquelles on avait placé l'araignée écrasée, devaient, après avoir été appliquées sur la partie affectée, établir sur ce point une communication galvano-métallique excitante. Peut-être que la nécessité de mettre l'araignée écrasée entre les deux pièces de monnaie, est un de ces préjugés populaires dont on chercherait vainement à rendre raison. J'ai lieu de croire cependant, d'après des expériences que je me réserve de citer à la fin de ce mémoire, qu'elle opère comme corps conducteur (1); mais dans ce cas tout autre corps conducteur produirait un meilleur effet; au reste, quand elle ne

---

(1) La tarentule pourrait être un corps isolant, à cause de la grande quantité de poils qui la couvrent; mais elle devient corps conducteur aussitôt qu'on l'écrase, à cause de ses humeurs extravasées.

servirait qu'à y suppléer, il n'est pas moins étonnant qu'un moyen aussi analogue à ceux que nous employons pour produire les effets galvano-métalliques, soit transmis par une tradition si ancienne, qu'il serait impossible de remonter à son origine. Une partie de ce que je viens de dire peut servir à expliquer l'utilité des plaques de fer-blanc attachées sous la plante des pieds. En général j'ai cru remarquer que tous ces moyens employés par les moissonneurs, concouraient tous au même but, et constituaient un mode de traitement *gymnastique*, *déférent*, *compensatif* et *tonique*, dont la première action doit avoir lieu sur les organes de la peau, sur ceux des parois internes du poumon, du canal des alimens et du tube intestinal.

XI.

Observations.

Quoique je sois persuadé que tous les remèdes dont je viens de parler peuvent procurer du soulagement au malade, je dois cependant avouer avec Baglivi que la musique est celui qui joue le plus grand rôle, et en même temps celui dont les effets sont le plus difficiles à expliquer. Néanmoins lorsque l'on considère ce que la mélodie et l'harmonie produisent en général sur tous les hommes, on est obligé de convenir que le venin de la tarentule peut déterminer chez ceux qui sont soumis à son action, une sensibilité si exquise, qu'elle les rende susceptibles d'en recevoir les plus légères impressions. Dès lors il paraîtra moins étonnant qu'une musique douce et agréable comme la *Cimarosienne*, qui est propre à porter le calme dans l'ame d'un homme en santé, et à le bercer, en quelque sorte, d'une manière délicieuse, ait le pouvoir de tempérer l'affection d'un tarentulé. De même une musique brillante et militaire, qui ranime les hommes les plus indolents, sera propre à réveiller de leur assoupissement des sens engourdis par l'effet d'un venin qui, en épuisant l'excitabilité et en retardant le mouvement des liquides, a plongé tout le système physique dans une torpeur générale.

La musique martiale inspire sans doute du courage, et la musique religieuse dispose à la dévotion. Le sifflement des vents inquiète, le murmure des ruisseaux inspire l'amour, l'agitation des feuilles des arbres et le bourdonnement des abeilles endorment, le bruit du tonnerre épouvante ainsi que celui des flammes; le retentissement, ou la vibration métallique dans le son des cloches et dans la musique turque, si elle est douce, provoque la tristesse; mais si elle est bruyante, inspire la vigilance et la hardiesse; l'agitation très forte des flots de la mer cause de la terreur, comme les cris graves, perçants et irréguliers d'une multitude de peuple.

On peut juger des effets de la musique par des faits connus de tout le monde. Personne n'ignore que des Suisses éloignés de leur patrie sont tombés en langueur pour avoir entendu le ranz des vaches : le simple son d'une corne-muse a produit le même effet sur des Écossais. On sait qu'une jeune fille épileptique, recouvra l'usage de tous ses sens, par la révolution subite que fit en elle le bruit d'un coup de fusil tiré auprès de son lit, pendant qu'elle était dans un accès : cet effet fut si salutaire qu'elle fut guérie radicalement. Aristote dit avoir vu des personnes qui éprouvaient un frissonnement général, lorsqu'elles entendaient un son âpre et perçant. Il n'y a personne à qui de pareils sons n'aient fait éprouver une sensation très désagréable, et l'expérience a prouvé qu'ils étaient capables de causer l'évanouissement et de faire perdre tout sentiment au sujet dont la fibre est très irritable. Je n'insisterai plus sur des causes trop violentes pour que leurs effets puissent être contestés; je vais en citer un qui démontre que certains individus éprouvent des effets non moins surprenants, de l'action qu'exercent sur eux des sons doux et qui n'ont rien de désagréable.

J'ai connu, dans la Calabre ultérieure, un artificier qui, lorsqu'il entendait certains airs tristes et d'une musique funèbre, ne pouvait pas s'empêcher de faire les mouvements les plus indécents. Les enfants se divertissaient à les lui faire répéter; toutes les fois qu'ils le voyaient passer dans la rue, on chantait les airs auxquels il était le plus sensible. Ce malheureux homme fut tellement tourmenté par eux, qu'il en est mort de chagrin, de honte et de fatigue. Des exemples plus frappants encore nous démontrent les effets des sons. On parvient à calmer des personnes dont l'imagination est exaltée, et à détromper celles qui se croyent attaquées d'hydrophobie, en employant les armes de l'éloquence; mais si on joint à l'éloquence un bel organe, le succès est assuré; ces deux effets réunis rectifient les idées des malades, et portent le calme sur leur moral; et l'effet est plus prompt encore si l'on emploie avec adresse une musique concordante avec leur organisation.

XII.

Conclusion.

Ces faits, qui tous concourent à prouver les effets que la musique peut produire sur certains individus, et les autorités respectables que j'ai eu occasion de citer, me paraissent de nature à faire revenir de leur opinion, ceux qui ont nié l'efficacité de la musique dans le traitement des tarentulés et l'existence même du tarentulisme. En effet, depuis que les effets galvaniques sont connus, nous sommes convaincus de certains phénomènes qu'on n'aurait jamais voulu croire avant sa découverte. Et, indépendamment de ce que produit le galvanisme métallique sur le cadavre, nous ne saurions rester en doute sur les effets de la torpille, de la vipère, de l'aspic et de l'animal attaqué de la rage (1). De nos jours on prétend que l'hydrophobie n'est quelquefois que l'effet de l'imagination; cependant on craint d'approcher ces espèces d'hydrophobes, lors même que l'animal qui les a

---

(1) Pourquoi la rupture de l'équilibre du galvanisme, dans l'animal enragé, ne pourrait-elle pas être la cause éloignée de l'affection hydrophobique, et la cause immédiate de la durée du mal et de la contagion par la morsure; ou bien, pourquoi ne serait-ce pas la diffusion de l'être galvanique, ou celle de cet acide trouvé par Vauquelin, et formé, selon lui, par le galvanisme dans l'hydrophobe? A quoi pourrait-on attribuer cette énorme répugnance de l'hydrophobe à regarder l'eau et à la boire? Est-ce à la propriété que possède l'eau de conduire et d'absorber le galvanisme du corps du malade, ou bien à celle qu'a ce liquide de soumettre les rayons lumineux à la réfraction? J'ai fait quelques recherches sur ce sujet, et je me propose d'en parler dans un autre mémoire destiné à traiter le phénomène de l'hydrophobie.

mordus n'est pas mort de la rage (1). Un temps viendra, peut-être, où quelqu'incrédule persuadera que tout hydrophobe est un homme exalté, et l'hydrophobie fabuleuse; mais l'élément du phénomène hydrophobique n'existera pas moins, et de même les sujets d'observation ne manqueront pas au savant qui, pour vérifier les effets de la morsure de la tarentule, aura le courage de braver l'ardente chaleur de la Pouille et de la Calabre méridionale. Il y surprendra sans doute la cause du tarentulisme et de la guérison du tarentulé.

XIII.

Expériences sur la tarentule.

Je ne crois pas devoir finir ce mémoire sans faire part des expériences que j'ai faites en 1797, 1798 et 1799 sur des ta-

(1) Sans doute l'imagination exaltée favorisera l'intensité et la violence hydrophobique, de même que le calme la retardera et hâtera la guérison.

rentules ; elles peuvent servir à jeter un plus grand jour sur quelques uns des remèdes que j'ai adoptés dans le traitement du tarentulisme. J'ai eu occasion de les citer en parlant de l'araignée écrasée, que des moissonneurs ignorants avaient mise entre les deux pièces de monnaie qu'ils appliquèrent sur la plaie. J'ai constamment remarqué que les insectes pris par des tarentules en été, mais surtout pendant la canicule, mouraient à l'instant où ils avaient été piqués. Au contraire, ceux qui étaient pris avant ou après les grandes chaleurs, vivaient, à peu près, jusqu'à ce que les tarentules eussent sucé toutes leurs humeurs vitales. Je crus pouvoir en inférer que cet effet ne pouvait appartenir qu'à la propriété et à l'émanation de quelque agent général, de sorte que voulant m'en assurer, je soumis, en hiver, des tarentules à l'action du galvanisme métallique ; toutes y gagnèrent de l'énergie. Celles qui furent exposées à la même action en été, et surtout pendant la canicule, ont péri.

Pendant la canicule, j'ai attaché à l'extrémité d'un bâton de cire d'Espagne, une très petite grenouille, et, après avoir mis le nerf lombaire à découvert, je l'ai approchée du trou d'une tarentule; celle-ci ne tarda pas à s'y présenter, et aussitôt qu'elle eût fait sa piqûre, la grenouille éprouva de très fortes convulsions. J'ai répété la même expérience en hiver, et pour cela je tirais la tarentule engourdie de son asile; d'abord elle n'avait pas assez de force pour piquer, et elle n'en reprenait qu'après avoir été soumise à l'action de 20 à 30 degrés de chaleur, ou à l'action galvano-métallique, très légère; mais alors sa piqûre n'avait aucune influence sur la grenouille: soumise à l'action de l'électricité, elle périssait toujours, en hiver comme en été.

D'après ces expériences, je me crois fondé à conclure que, dans l'hiver, l'électricité galvanique est négative dans la tarentule; dans la canicule, au contraire, le galvanisme est positif, et qu'à cette époque, elle peut être un corps idioélectrique : et je pense que l'état négatif contribue à ranimer la tarentule en hiver, sous l'action galvano-métallique; et, qu'en été, l'état positif la fait périr sous la même action. Je crois aussi que l'abondance de l'électricité galvanique, dans la tarentule, est une des causes qui doivent le plus contribuer à rendre sa piqûre venimeuse dans la saison la plus chaude de l'année; et alors se trouvant plus énergique, elle suce avec facilité sa proie, se dispose à l'accouplement, à la ponte, etc. et défend ses petits avec fureur; et que le manque du galvanisme en hiver, la rend faible, engourdie et sans malignité. Et par mes recherches, enfin, j'ose dire que le tarentulé ne danse pas, que la danse lui est utile ainsi que la musique pastorale.

FIN DU TROISIÈME MÉMOIRE.

DEUXIÈME PARTIE.

DEUXIÈME PARTIE.

MÉMOIRES DE PITARO.

I.

Introduction aux Recherches sur les phénomènes et les causes de la mort apparente, celle des étranglés, des suffoqués, des asphyxiés, des apoplectiques, etc.

II.

Digression sur les humoristes, les galvanistes et sur les excitabilistes.

III.

Analyse de la Théorie du Docteur N. ANDRIA.

IV.

Réfutation des objections faites à la Théorie du Docteur N. ANDRIA.

V.

Recherches et observations faites à la grotte de l'Arc de l'île de Caprée.

IVme.

MÉMOIRE

OU

INTRODUCTION aux Recherches sur les phénomènes et les causes de la mort apparente, celle des étranglés, des suffoqués, des asphyxiés et des apoplectiques, et sur les moyens de les rappeler à la vie.

PAR ANTOINE PITARO.

« Nihil in intellectu quod non prius
» fuerit in sensu. »

(SENECA).

INTRODUCTION

Aux Recherches sur les phénomènes et sur les causes de la mort apparente, celle des étranglés, des suffoqués, des asphyxiés, des apoplectiques, etc., et sur les moyens propres à les rappeler à la vie.

La mort apparente, celle causée par l'étranglement ou par la suffocation, a, dans tous les temps, réclamé l'attention des médecins, des plus célèbres anatomistes, et celle des physiologistes les plus distingués. On a fait depuis long-temps des expériences pour rappeler à la vie des individus morts par ces différentes causes; on leur a administré des secours dont la plupart ont été inutiles, mais qui tous sont plus ou moins ingénieux. Parmi les moyens qui méritent d'être cités, on doit distinguer celui d'introduire avec précaution une quantité suffisante d'air atmosphérique dans l'organe de la respiration; on doit remarquer aussi celui d'exciter les houppes nerveuses de l'odorat, de la membrane pituitaire, au moyen de quelque corps velouté, d'aromates pénétrants, d'ammoniac, de carbonate d'ammoniaca ou d'éther, etc. On a obtenu des succès en stimulant le tégument commun, et en redonnant le mouvement aux contenus de la circulation par l'impulsion électrique ou galvano-métallique. On a quelquefois réussi en excitant le tube intestinal par le moyen de lavements irritants sagement administrés.

Les procédés adoptés que l'on peut employer pour rendre la vie à un homme récemment étouffé ou asphyxié, sont en assez grand nombre, mais le plus efficace est l'introduction de l'air atmosphérique ou de l'air oxigène dans le poumon, et quelquefois l'émission sanguine. L'on peut, à un homme récemment étouffé (1) ou asphyxié, diriger avec précaution dans une des narines (2) l'extrémité d'un tuyau élastique adapté à un petit soufflet qui, agité tout doucement, par degrés et à différentes reprises, sert à introduire de l'air commun dans l'organe de la respiration: on frappe en même temps et légèrement sur toutes les parties du corps de l'individu asphyxié ou noyé, et particulièrement sur les épaules avec un faisceau de plusieurs petites branches de végétaux; ensuite on approche de ses narines des substances pénétrantes et volatiles, on injecte le rectum, on picote le tégument commun, on l'arrose et on le pétrit pour ainsi dire, avec des aromates. On intro-

---

(1) Tout comme à un nouveau-né qui paraîtrait mort.

(2) J'ai introduit souvent l'extrémité d'une sonde d'argent, courbée, dans le larynx; cette opération est d'autant plus facile, que la bouche et même l'épiglotte de ces individus laissent en général le passage du tube aérien ouvert; et l'irritation qu'on pourrait occasionner ne sera qu'utile.

duit dans la bouche de l'individu quelques larmes de liqueur aromatisée ou éthérisée, et dans tous les cas, on entretient, dans une température convenable, un homme qui vient d'être étouffé ou asphyxié ; l'on est même obligé quelquefois de lui ouvrir la veine.

Si l'on traite un homme récemment noyé, on le couche d'abord sur son ventre, et plus sur le côté droit que sur le gauche ; on le tient dans une position inclinée de manière que la tête soit plus basse que les pieds, afin que s'il existe de l'eau épanchée dans le poumon, elle puisse être évacuée ; enfin, dans tous les cas, on ne néglige rien de ce qui peut ranimer les esprits vitaux, et rendre le ressort à toute la machine ; mais l'on varie, mitige ou augmente les moyens que l'on emploie selon l'état pathologique de l'individu.

Si un apoplectique est dans un état de pléthore, on lui ouvre la veine ; au contraire, si toutes ses forces sont abattues, on lui administre prudemment des remèdes propres à les relever. En général on diminue les contenus d'un apoplectique, d'un asphyxié, d'un nouveau-né, et on administre l'air oxigène; mais au dernier on lui coupe le cordon ombilical si l'on veut favoriser l'émission sanguine.

Dans l'asphyxie produite par l'extrême chaleur on expose l'individu dans une température basse et agitée par des ventilateurs, on lui administre tout ce qui peut diminuer son estuation, on le met à nu, on bassine sa peau avec de l'éther sulphurique, on lui fait boire de l'eau à la glace. Le contraire de ce que nous venons de noter pour l'asphyxié par la forte chaleur, convient à l'asphyxié par le grand froid. On éloigne des lieux méphitiques celui qui est asphyxié par le méphitisme, on lui administre de l'air oxigène, et on le met un instant dans un bain d'eau dégourdie en été, mais chaude en hiver. L'asphyxié par une atmosphère pulvéreuse, on le change de lieu, on lui ouvre la veine, on lui administre, selon le besoin actuel, des excitants, des humectants, des raréfiants, etc., pour faciliter l'expectoration et l'évacuation de la poussière attachée sur les parois des conduits aériens, mais le tout avec bien de la prudence.

On avait autrefois reconnu l'utilité de l'électricité dans les cas ci-dessus cités, mais aujourd'hui on emploie de préférence le galvanisme métallique, dont l'action est plus douce et plus régulière. J'ai vu des effets surprenants produits par ce dernier sur le système animal, et je pense qu'il doit être très utile, s'il est dirigé avec prudence, et sur-tout s'il est secondé par l'aspiration de l'air oxigène. Plusieurs savants ont essayé de rappeler à la vie, par le moyen du galvanisme métallique et de l'air oxigène, des animaux que l'on venait d'étouffer ou qui étaient asphyxiés ; si les résultats de leurs expériences n'ont pas toujours été couronnés de succès, au moins sont-ils parvenus assez près du but qu'ils s'efforçaient d'atteindre, pour ranimer leur zèle, et leur faire espérer une entière réussite. En effet, ces expériences nous ont fait connaître que le sang d'un animal tué récemment, devient plus liquide, qu'il se raréfie par l'impulsion du galvanisme métallique, et que tous les liquides contenus, tendent à la circulation : l'organisme reprend le mouvement, les puissances musculaires commencent à agiter le système physique, et l'organe de la respiration paraît développer les mouvements de son propre mécanisme.

On est forcé de convenir qu'il nous a été jusqu'à présent impossible de déterminer l'excitabilité accumulée d'une manière plus douce que par le secours de ces deux agents qui paraissent la rétablir par nuances insensibles, et doivent donner successivement aux organes, le mouvement nécessaire, à peu près dans la même proportion qu'ils en avaient été privés. On peut donc les regarder comme les moyens les plus efficaces pour maintenir et soutenir spécialement ce degré d'intégrité organique prédisposant à la vie, lequel subsiste encore dans les corps qui viennent d'être privés de toute apparence de sentiment par une suppression instantanée de la respiration, quelle que puisse être d'ailleurs la cause qui l'ait occasionnée, pourvu toutefois que les contenus n'aient souffert aucune altération dans leur nature, et que les organes n'aient éprouvé aucune lésion dans celle de leur mécanisme.

Mais je crois qu'il est de la dernière importance de prévenir les plus légères secousses dont l'effet serait de troubler la machine, et je suis convaincu qu'on ne saurait prendre trop de précaution afin de proportionner l'excitant dont on fait usage, à la faculté actuelle que le système animal de l'individu etouffé ou asphyxié, etc., a de sentir le stimulus.

Il faut se contenter de disposer peu à peu l'organisme au mouvement vital, augmenter l'énergie des moyens que l'on emploie, à mesure que l'individu manifeste par des signes non équivoques une vie plus énergique ; en suivant cette méthode l'on pourra parvenir à rappeler insensiblement la vie, je le répète, si aucune des parties essentielles n'a été lésée ; mais, dans ce dernier cas, les signes pathologiques sont si apparents qu'il est impossible de s'y tromper sur l'état de mort.

J'ai voulu vérifier par moi-même les effets que le galvanisme métallique et le gaz oxigène, pouvaient produire sur le système organique des individus privés de la vie par ces différentes circonstances ; et j'ai fait des expériences toutes les fois que des évènements malheureux m'en ont procuré les moyens. Les résultats que j'ai obtenus m'ont paru si intéressants, que je crois devoir en donner connaissance, afin de contribuer, autant qu'il m'est possible, au progrès de cette branche importante de la science.

J'ai constamment remarqué que chez les individus asphyxiés par l'effet d'une atmosphère pulvéreuse ou méphitique, ou très raréfiée et chaude, les symptômes devenaient plus graves si on les soumettait à un régime corroborant, ou à l'action du galvanisme métallique. Ils diminuaient au contraire progressivement par une méthode affaiblissante, aidés de l'action du gaz oxigène, jusqu'à rendre le cadavre susceptible de recevoir avec avantage l'impulsion galvano-métallique, et de revenir à la vie.

Les asphyxiés par le grand froid, recevaient un bien infini de la méthode corroborante. J'ai observé aussi que chez les individus étouffés dans l'eau, il se manifestait par l'action du galvanisme métallique, un mouvement propre à rétablir leurs fonctions organiques. J'ai répété les mêmes expériences sur des hommes qui avaient été étranglés au supplice, et je les ai toujours vus sur le point de reprendre la vie, par l'action du galvanisme métallique, toutes les fois que le cadavre était récent, que la moelle allongée était intacte, et que l'organisme et les contenus de son physique n'avaient subi aucune altération dans leur nature (1).

Les apoplectiques gagnaient aussi sous la même action, sur-tout lorsque l'état de leur corps n'était pas sténique, ou bien lorsqu'une trop grande irritation

---

(1) Un semblable évènement eut lieu à l'île d'Ischia : un officier qui avait pris part à la dernière révolution de Naples, fut arrêté par les ordres de l'amiral Nelson ; et ayant été transporté à l'île d'Ischia, il y fut pendu et déposé dans un magasin, pour assouvir la cruauté du farouche amiral. Cette victime y ayant été, par hasard, oubliée à peu près pendant vingt-quatre heures, fut rencontrée dans ce lieu par un jeune chirurgien napolitain fort instruit, et versé dans les connaissances de la physique ; il vit que les caractères pathologiques de ce cadavre supplicié étaient propres à la vie. Il résolut de l'y rappeler, en le soumettant à l'action du galvanisme métallique. Dans ce dessein, il composa une pile avec des monnaies d'argent, de cuivre, etc. ; il galvanisa ce cadavre, et il eut la joie inexprimable de le rendre à la vie ; mais, hélas! la cruauté fut instruite de ce fait extraordinaire, regardé par le peuple de l'île comme un miracle : l'officier fut de nouveau assassiné, en même temps que le jeune chirurgien qui avait cherché à le sauver ! et le peuple fut menacé.

n'avait pas épuisé en eux toute excitabilité. Mais je dois observer que les cadavres des hommes qui avaient été étranglés ont toujours été ceux qui ont montré le plus de disposition à revenir à la vie ; il en a été de même du cadavre des hommes noyés, toutes les fois que l'eau ne s'était pas introduite dans l'organe de la respiration.

Les occasions de faire des expériences sur des cadavres humains étant peu fréquentes, je les ai continuées sur différents animaux que j'ai privés de la vie en les plongeant dans l'eau (1) ou dans le gaz azot, ou bien dans le gaz acide carbonique. Quelquefois je les étranglais avec un lacet ; aussitôt que je les voyais privés de la vie, je trempais l'animal un instant dans l'eau salée pour le rendre propre à bien recevoir l'influence galvano-métallique, et je le soumettais à l'action

(1) J'ai constamment trouvé de l'eau épanchée dans les conduits aériens des animaux que j'ai étouffés dans ce liquide.

de cette puissance. Le succès étonnant de mes expériences a redoublé mon zèle, et m'a encouragé à les répéter sur un grand nombre de jeunes animaux que j'ai isolés dans le gaz oxigène sous la température et la pression ordinaire de l'atmosphère commune; ensuite je les ai soumis à l'action de la pile de Volta.

Dans le cours de ces expériences, j'eus un jour la satisfaction de voir revenir à la vie un oiseau de la famille des conirostres, qui se trémoussa et fit pendant un certain temps des mouvements qui, quoique très réguliers, ne me parurent pas moins très divertissants, et me donnèrent l'espoir de l'avoir rappelé à la vie; mais malheureusement j'eus le chagrin de le voir mourir cinq minutes après que j'eus cessé mon expérience.

Je me propose d'exposer avec plus de détails, dans un ouvrage particulier, les résultats de toutes les expériences que j'ai été dans le cas de faire sur des individus qui ont éprouvé de tels accidents, soit par asphyxie, soit par suffocation, ou de toute autre manière. On y trouvera peut-être avec plaisir un parallèle raisonné entre les symptômes qui se manifestent dans une suffocation naturelle, et ceux qui ont lieu chez les individus qui ont subi une mort violente par le supplice de la corde.

Je me contenterai de terminer ce mémoire par des observations générales que j'ai été dans le cas de faire d'après les essais que j'ai tentés sur le cadavre d'hommes qui avaient été étranglés au supplice ; elles m'ont paru propres à jeter un grand jour sur l'influence générale du moral sur le physique, et à donner une idée du pouvoir que les passions ont, en troublant la constitution des hommes, d'accélérer leur ruine, et souvent même de la causer entièrement.

Observations.

Toutes les tentatives que j'ai faites sur les cadavres d'hommes étranglés, pour les rappeler à la vie, ont été à peu près sans aucun effet, si l'individu avait été d'une constitution faible, ou bien si ce même individu avait été fatigué par le sentiment afflictif de la douleur ou de la peur. Il en était de même s'il s'était débattu long-temps avant de mourir. A plus forte raison ai-je trouvé sans ressource ceux dont quelques parties essentielles de l'organisation avaient été lésées. Delà, je crois pouvoir inférer qu'un individu d'un tempérament faible, d'une grande irritabilité, et susceptible par conséquent de grandes émotions, particulièrement de celles de la peur et de l'épouvante, affaiblit directement sa propre constitution en approchant du terme fatal qui doit terminer ses jours, et il cesse de vivre en quelque sorte avant d'avoir reçu le coup mortel. J'ai trouvé également sans ressources, les hommes d'une forte constitution, mais d'un caractère très irascible, qui avaient lutté contre la mort dans des transports de fureur.

Il paraît que ceux-ci avaient usé l'excitabilité de tous leurs organes par la trop grande irritation que leur fureur avait communiquée à toutes les parties du système physique. Au contraire, chez les hommes étranglés, soit qu'ils aient été d'une constitution forte, soit que leur tempérament ait été délicat et faible, pourvu toutefois qu'ils fussent doués de ce courage qui fait braver la mort avec sang-froid, leurs cadavres avaient plus de disposition à revenir à la vie, et leurs organes paraissaient avoir plus de propension à obéir aux impulsions vitales. Je n'ai pu me lasser d'admirer cette grande puissance du moral de l'homme sur son physique, puisque même sur le cadavre d'un scélérat réprouvé de la société par les lois, on retrouve encore des traces qui peuvent nous donner une idée de la supériorité que le courage peut donner.

FIN DU QUATRIÈME MÉMOIRE.

Vme.

MÉMOIRE.

DIGRESSION

SUR

LES EXCITABILISTES, LES GALVANISTES, ET LES HUMORISTES,

PAR ANT. PITARO.

« Si nous savions ignorer la vérité, nous
» ne serions jamais les dupes du mensonge. »

(J.-J. ROUSSEAU.)

DIGRESSION

SUR

LES EXCITABILISTES, LES GALVANISTES, ET LES HUMORISTES.

Introduction.

La magie galvanique est encore l'objet des méditations de presque tous les physiciens; parmi ceux qui s'en occupent, il en est qui la tournent en ridicule; d'autres qui la classent parmi les êtres métalliques; d'autres qui la regardent comme un jeu électrique; d'autres qui la placent dans le système nerveux; d'autres enfin qui, ne pouvant élever leurs conceptions jusqu'aux mystères du système animal vivant, se bornent à la contempler matériellement, et attendent vaguement que les êtres organisés vivants parviennent, sous leurs yeux, à la soumettre au sens du toucher.

Ce sont ordinairement les idées fausses trop invétérées qui nuisent au progrès des sciences, et qui s'opposent à ceux de la vérité. Les tourbillons de Descartes étaient le système de prédilection des physiciens, lorsque Newton parut et démontra les principes fondamentaux du vrai système de l'Univers. Le *Phlogistique* embrasait toutes les têtes, lorsque l'immortel Lavoisier le fit rentrer dans le néant, et donna les faits pour base à la Physico-chimie.

Digression.

Malgré les nouvelles découvertes physiologiques, l'on voit aujourd'hui la médecine *stercorée* rechercher encore dans les nuances infinies des couleurs de la matière fécale, les causes de ces sources de mort qui découlent, selon ses principes, du gouffre immonde des humeurs du corps humain; tandis que les *excitabilistes* bornent leur inspection à la machine humaine, trouvent que l'homme n'est pas, à beaucoup près, aussi empoisonné, et font un bien moindre cas du code d'Hypocrate, tout en respectant son axiome: *vita virium est additio vel detractio.*

On est porté à croire que le systême de ces derniers est seul adopté par la jeunesse instruite, cette intéressante portion de la société qui a droit aux plus grands égards, comme étant la plus propre à cultiver les connaissances humaines, et à servir de médiatrice entre nous et la postérité. C'est à cause de cela, sans doute, qu'on la taxe de légèreté, et de se laisser facilement entraîner par les innovateurs. Il est vrai que toutes les lumières et toutes les connaissances, étant également nouvelles pour elle, il ne lui reste que l'embarras du choix, et il lui suffit d'être éclairée de ses propres lumières pour porter un jugement aussi sage qu'utile, principalement sur les questions philosophiques. En effet toutes les opinions que lui présente l'histoire des connaissances humaines, lui étant également indifférentes, elle peut les adopter ou les rejeter avec impartialité; elle peut s'attacher à l'une plutôt qu'à l'autre, mais le plus souvent c'est la vérité toute nue qui parvient à la fixer, comme elle fixa Scarpa, Richerand, Mascagni et Bichat, et elle la soutient et la défend rigoureusement, surtout quand des maîtres impartiaux comme elle, et dégagés des préjugés qui assiègent souvent l'opiniâtreté, lui accordent leur secours et leur appui.

Hypocrate, ce dieu de l'art médical, vécut, si l'on dit vrai, au sud-est de l'Europe, et non au nord. Sous cette heureuse température les hommes étaient de son temps, comme ils le sont encore aujourd'hui, forts et musculeux; et ceux du nord, qui étaient faibles et débiles, n'ont pas de nos jours changé de constitution. Les observations d'Hypocrate n'ont donc pas le même degré d'utilité pour les habitants des climats septentrionaux, qui passent leur vie dans l'eau, dans les neiges, au milieu des frimas; qui, couverts d'une peau blanche, parés de longs cheveux blonds, peuvent être comparés à ces végétaux qu'on voit prendre racine dans des grottes humides, et dont les tiges longues et jaunes, ne sont garnies que de rameaux sans élasticité, auxquels pendent des feuilles verdâtres, molles, sans saveur et sans odeur.

Il ne faut donc pas s'étonner si l'ouvrage *De aere aquis et locis*, n'est pas généralement utile; si Hypocrate et Galien ont, le plus souvent, trouvé la machine humaine sujette à l'irritation et à l'inflammation, en dépit d'Asclépiade, dans la Grèce, dans l'Égypte, dans l'Asie, dans l'Italie, etc.; tandis qu'au contraire, Sydenam, Haller, Cullen et Brown, les ont bien fréquemment trouvées languissantes ou engourdies, dans la Grande-Bretagne, dans l'Allemagne et dans la Russie. C'est pour cette raison que les premiers soumirent leurs malades le plus ordinairement à l'émission des contenus et aux calmants; au lieu que l'humanité souffrante fut restaurée et fortifiée, sous la direction des Sydenam, des Chagneaux, des Cullen, des Girtanner, des Brown, etc.

Hypocrate, dans les régions qu'il habitait, eut à ramener bien souvent à l'équilibre les forces accrues. Sydenam, sous un ciel moins favorisé, dut au contraire relever les forces *abattues*, et cela surtout après qu'on y eût découvert que sur cent maladies, on en trouvait constamment quatre-vingt-dix-sept provenant de langueur, contre trois seulement causées par l'irritation : différence effrayante, en effet, et relevée principalement dans les pays où, d'après les observations météorologiques les plus exactes, on ne peut espérer dans tout le cours d'une année, que *soixante-six* jours agréables et favorables à la santé.

Il est d'abord démontré que les hommes, en société, étant obligés au travail, dépensent leurs forces individuelles et usent, pour ainsi dire, leur vie; de sorte qu'étant exposés le plus souvent à des maladies qui viennent du manque de force plutôt que d'un excès de vigueur, on les voit languir, quelquefois même périr victimes de la *routine* aveugle des humoristes qui, en refusant à leurs malades les moyens de recouvrer leurs forces, les conduisent au point de n'être plus susceptibles de guérison.

Il n'en est pas ainsi dans le système des excitabilistes; tandis qu'ils combattent la maladie, ils soutiennent les forces du malade, et ils économisent tout ce qui lui en reste, afin de pouvoir ensuite rétablir facilement l'équilibre dans son premier état.

Le systême des excitabilistes a déjà été adopté par les premières nations de l'Europe; quelques unes cependant le dédaignent, mais à tort: aujourd'hui surtout, que la chimie et la physiologie viennent à son appui pour répandre un plus grand jour sur le phénomène de la vie, elles le mettent même en évidence, aidées par le galvanisme. Bichat en a dit quelque chose, mais ce phénomène est développé par les opinions des célèbres Humboldt et Andria.

II.

Analise de la Théorie de la vie, du docteur N. Andria, par Antoine Pitaro.

Entre les opinions qui ont le galvanisme pour objet, celle de Galvani repose sur des bases solides; celle de

Volta s'écroule, celle d'Aldini démontre, celle d'Humboldt éclaire, celle de Dal-Negro distingue, mais celle d'Andria raisonne dans le style consacré aux mathématiques, analise et conclut, en recherchant dans la machine humaine, le *siége* du galvanisme, le laboratoire du stimulus et la cause de l'excitabilité.

J'ai traduit cet intéressant opuscule tant applaudi par les connaisseurs, et je l'ai communiqué aux savants de la France.

Andria découvre par son analise que le siége de l'excitabilité est dans les nerfs; que de là elle prend l'essor et se répand pour se distribuer aux fibres, aux muscles, et régler avec eux les formes particulières et motrices obéissant à la volonté. Il reconnaît que l'excitabilité est le *ressort* principal et *immédiat* de la vie; que le principe d'une faculté semblable n'appartient point à la matière dans laquelle il réside; qu'il est propre à *être* et à ne pas *être*; mais que, plein d'une activité extraordinaire qui lui est propre, il a de l'affinité avec les nerfs, en même temps qu'il est sensible à l'organisation du corps, et propre à mouvoir les organes durant la vie. En conséquence, trouvant l'électricité animale douée d'attributs semblables, il la reconnaît aussi comme étant ce principe lui-même, et il la croit le *pourvoyeur* privatif des opérations qui constituent la vie dans la machine animale : ce qui le conduit à contester l'hypothèse du fluide nerveux.

Andria, dans sa *Terminologie*, regarde les mots électricité, électricité animale, et galvanisme, comme synonymes quant à l'expression ; mais tout en se bornant à n'employer que le seul mot *galvanisme*, il distingue l'électricité métallique du galvanisme, et il observe à cet égard que, si les phénomènes galvaniques, comme l'avance Volta, dépendaient des armures métalliques ou de l'électricité métallique, et non du galvanisme, il ne serait pas possible de comprendre comment l'électricité métallique, toujours présente, se dissipe en peu d'heures, et comment très peu de temps après la *mort*, tous les effets manquent, malgré l'influence des armures.

L'activité du galvanisme lui paraît réglée et dirigée par le tissu admirable de l'organisation ; les *adminicules* du système animal y prenant une variété infinie de formes et de dispositions destinées à régler, à mouvoir et à sentir l'action galvanique, action qui part d'un centre pour se répandre et se disposer selon les offices naturels de la déférence ou de la cohibence des matières, et de leur état positif ou négatif.

Il ne pense pas avec les autres que le galvanisme soit un simple *stimulus*, par la raison que l'excitement produit par le galvanisme métallique ne dépend pas du stimulus excité par son application, mais parce que cette sorte d'application rend le galvanisme *naturel* du corps animal, surabondant et très positif dans quelques parties, d'où, en se déséquilibrant, il s'empare de la partie où il était négatif, et réveille, en se répandant, le plus grand excitement. C'est pour cette raison qu'il distingue les effets du *galvanisme* de ceux de l'électricité métallique, en les comparant à la différence existante entre le moment d'une action produite par un insigne accroissement dans la masse de la force motrice, et le moment d'une action produite par une cause non accrue, mais tout simplement provoquée au milieu de circonstances ordinaires et invariablement établies.

Étant donc convaincu que la vie consiste dans l'exercice d'une force générale dépendante de la faculté qu'ont les êtres vivants de sentir l'action des stimulus; que l'augmentation ou la diminution de cette force rompt les limites de la *perfection* vitale, et produit un désordre qui, en s'augmentant, rend négatives les *circonstances de la vie et détruit la vie elle-même*, il passe ensuite aux raisons d'adopter le systême de l'excitabilité, et au point *essentiel* de ce systême, c'est-à-dire, à la division des maladies en sténiques et en asténiques, etc. ; et il traite cette partie avec cette sagesse éclairée et cette justesse de logique et de discernement qui le distinguent.

III.

Objections faites à la Théorie d'Andria.

La théorie de ce professeur n'a cependant pas échappé à la critique, mais l'adversaire qui la combat, après s'être égaré dans cette théorie par le *désir* de lancer quelques sarcasmes contre les excitabilistes, avance que ce physiologiste présente comme synonymes la vie et l'excitabilité. Et en partant de là, il ajoute qu'il ne saurait comprendre, lui, pourquoi un chien auquel on aurait récemment coupé la tête, celui qu'on aurait asphyxié, et d'autres animaux privés de la vie, continueraient, dans les expériences, d'être encore excitables après leur mort? Il se demande ensuite pourquoi les cataleptiques et les apoplectiques cessent d'être excitables, quoiqu'ils soient encore vivants?

I V.

Réfutation des objections à la Théorie de la vie, du docteur Andria, par Antoine Pitaro.

Elle est en vérité précieuse cette observation, et elle prouve jusqu'à l'évidence que l'adversaire n'a pas compris du tout le système qu'il prétend réfuter; car en même temps qu'Andria y *distingue* très expressément l'excitabilité, de la vie, il affirme que cette même excitabilité est *principe essentiel de la vie.* C'est là tout ce que dit le professeur de Naples, et non autre chose.

Mais en supposant qu'Andria eût avancé ce que son antagoniste veut bien lui prêter, l'objection qu'il met en avant ne tomberait-elle pas d'elle-même sitôt qu'on lui demanderait pourquoi les *cataleptiques* et les *apoplectiques* ne sont pas privés de la vie? pourquoi leurs contenus circulent? pourquoi ils respirent, quoique, selon lui, ils ne soient pas excitables? et pourquoi encore son chien décapité et ses autres animaux privés de la vie, ne sont plus excitables quelque temps après la mort?

Si les cataleptiques et les apoplectiques, les extatiques n'étaient pas excitables, *la circulation de leur sang cesserait*, ainsi que leur *respiration*, et si ces deux appuis de la vie leur restent, ce n'est uniquement que parce que leur sang en circulant dans leurs veines, et l'air en s'introduisant dans leurs poumons, agissent comme stimulus sur l'excitabilité de l'organisme animal : les extatiques, dont l'état diffère si peu de celui des apoplectiques, sont sortis de leur extase toutes les fois que l'on a feint d'alarmer leur pudeur. La cause en est l'influence morale qui, comme agent interne, dispose alors l'extatique à l'indignation, et lui fait éprouver une commotion. Quant à ses animaux, si l'adversaire les trouve encore excitables après leur mort, cela vient de ce que l'organisation, quoique tourmentée, conserve encore son mécanisme entier, et ses contenus jouissent aussi de leur propre nature; ou, à mesure que ce mécanisme spécialement partiel des organes s'affaisse, ses contenus se dénaturent au point que l'organisation n'est alors plus susceptible d'aucune sensation.

Que peut-on donc conclure de cette objection contre le système d'*Andria*? A mon sens, rien de plus que ce que l'on a dit, en la combattant, dans la *Gazette de France* du dimanche 28 décembre, et dans le *Publiciste* du lundi 10 novembre 1806.

FIN DU CINQUIÈME MÉMOIRE.

VIme.

MÉMOIRE.

RECHERCHES

ET OBSERVATIONS

Faites en 1799 *sur le phénomène et l'origine d'une matière existante dans la grotte de l'Arc de l'île de Caprée.*

PAR ANT. PITARO.

RECHERCHES ET OBSERVATIONS

Faites en 1799 sur le phénomène et l'origine d'une matière existante dans la grotte de l'Arc de l'île de Caprée.

INTRODUCTION.

En parcourant le N°. CXCVI des *Annales de Chimie* (1), j'ai lu un rapport fait à la classe des sciences physiques et mathématiques de l'Institut, par MM. Fourcroy et Vauquelin, sur une substance de la grotte de l'Arc, dans l'île de Caprée, substance découverte et examinée par le napolitain Breislack, mais depuis analisée avec soin par M. Laugier.

Cette matière a piqué la curiosité des naturalistes à cause de l'obscurité de son origine, que jusqu'à présent on n'a pu

(1) Avril 1808, pag. 104.

découvrir, et sur laquelle on n'a formé aucune conjecture propre à la faire soupçonner; elle a piqué la curiosité à cause des poils qu'elle renferme, et parce qu'elle possède des propriétés analogues à celles de quelques substances animales, et qu'il est impossible à tout quadrupède de pénétrer dans cette grotte.

J'ai visité plusieurs fois l'île de Caprée et à différentes époques, ainsi que la grotte de l'Arc; j'ai cédé au désir d'y gravir, au moyen d'une échelle, pour examiner et observer ce phénomène, et je crois avoir eu le bonheur de découvrir la cause qui le produit. Voyant l'intérêt que MM. Fourcroy et Vauquelin prennent à son origine dans leur rapport, parce qu'ils le regardent comme très intéressant pour l'histoire naturelle des animaux, pour la philosophie chimique et pour la médecine, j'ai cru devoir faire connaître ce que j'avais observé et pensé à ce sujet.

Ce ne sont pas les *marmottes* ni les

chauve-souris, comme on l'a présumé, qui déposent les matières analisées, car il n'y a rien dans cette grotte (1) qui puisse y attirer les premières ou faciliter aux secondes les moyens d'y déposer leurs excréments ou leurs urines.

Au printemps, et pendant deux ans de suite, à la belle saison, j'ai toujours surpris sur les parois de la grotte une grande quantité de *gros limaçons* (2) *sans coquilles*, qui, comme égarés, s'exténuaient à force de se traîner, et qui, à défaut de nourriture, finissaient par y périr. J'y ai vu aussi beaucoup de gros vers luisants, un grand nombre de chenilles processionnaires, quelques chenilles disparates, quelques chenilles masquées, des araignées, proprement dites, de caves, surtout des papillons,

---

(1) La grotte de l'Arc est vers la partie méridionale de l'île de Caprée, et à la moitié de la montagne *Solaro*; elle a plus de 34 mètres de hauteur, et est très humide en hiver. Ses parois, sa voûte, et son sol fort incliné, sont de pierres calcaires.

(2) Molusques de l'ordre des gastéropodes nus qui se traînent dans les lieux humides.

des fourmis, des mouches, etc.; des lézards très petits tous égarés, exténués ou morts, ou pourris, ou desséchés; en hiver rien de tout cela n'existe. On y voit que les cadavres de ces animaux sont convertis en une matière molle sur le point des parois qu'ils occupaient en mourant. On voyait aussi aux mêmes endroits une transsudation ou filtration calcaire qui se mêle avec les matières animales corrompues, déposées sur les parois de la grotte.

J'ai distingué dans cette matière et sur la superficie des croûtes, des antennes, des soies, des poils, des cornes, etc., presque intactes, qui, par leur forme et la manière dont elles étaient disposées, m'indiquaient à peu près l'espèce de l'insecte auquel elles avaient appartenu. Il y avait des endroits où la superficie de la couche était noire, luisante et polie; en d'autres endroits elle était rude, globuleuse, grenelée, et d'une couleur gris-rougeâtre.

Il y avait des points où cette croûte était tellement adhérente, qu'il fallait des outils pour en enlever quelques morceaux. En examinant les parties qui avaient été détachées, il était facile de reconnaître que la matière n'avait dans son intérieur aucun rapport avec les dépôts calcaires; dans d'autres endroits il n'était pas difficile de gratter quelques parties, et on en tirait alors une matière animale à demi-pétrifiée et qui avait été pénétrée par les sels calcaires; dans d'autres endroits on la trouvait en forme de mamelons de cinq à six centimètres de diamètre, et quelquefois en protubérances alongées ou en stalactites.

Cette matière, dans quelqu'état qu'elle se présentât, sentait le *tan*, et sur la langue elle en avait la saveur; elle se dissolvait un peu dans l'eau, se ramollissait au feu, et s'enflammait comme les substances adipeuses, rendant une odeur fétide comme les substances animales corrompues et rances; à la distillation elle donnait un peu de substance huileuse empireumatique, qui indiquait de temps à autre la présence d'une substance ammoniacale, surtout si la matière était récemment tirée de la grotte; elle laissait sublimer le carbonate d'ammoniaque; au fond du vase distillatoire, il se déposait une matière charbonneuse semblable à celle que peut donner dans une pareille opération une matière animale; dans quelques endroits elle était mêlée à une substance saline, analogue au nitrate de potasse.

Les résultats de cette analise me donnèrent l'idée que la matière qui tapissait les parois de la grotte de l'Arc, était animale, et qu'elle appartenait vraiment à des mollusques, des insectes et quelques reptiles sauriens. Dans l'intention de m'en assurer, je construisis au printemps dans une des cours de l'hôpital de l'artillerie de Naples, une petite grotte; j'employai à mon édifice des matériaux de la même matière que celle de la grotte de Caprée (1); j'eus la précaution de la couvrir de terre en lui laissant une communication avec l'atmosphère, afin de me donner la facilité d'observer; je rassemblai ensuite plusieurs espèces de mollusques, d'insectes, de reptiles semblables à ceux que j'avais vus dans la grotte de l'Arc, et je les introduisis dans ma grotte artificielle, où ils commencèrent à se faire la guerre et à se poursuivre.

Fatigués d'aller et venir, les insectes, les mollusques exténués, s'attachaient et se fixaient à une place, ils y restaient jusqu'à ce que, étant pourris, ils se changeassent par l'humidité de la petite grotte en une matière molle, qui, à la superficie, devenait plate et unie; mais cette matière était plus ou moins élevée, selon le volume des insectes et des mollusques, et elle renfermait les poils, les antennes, les cornes, etc., de chaque

(1) Une grosse pierre calcaire fut creusée en forme de la grotte de l'Arc, et disposée de même.

insecte qui avait péri. Les limaçons sans coquilles formaient à la place qu'ils avaient occupée, des éminences comme des mamelons. Quelques chenilles se métamorphosant en leurs chrysalides, périrent aussi, et restèrent pendues aux parois par leur partie postérieure; quelques unes, plus avancées dans leur métamorphose, restaient avec leurs ailes à demi-collées sur la superficie, et chargées d'une légère efflorescence saline qui fusait sur les charbons ardents comme le nitrate à base de terre calcaire. Beaucoup de ces animaux tombaient sur le sol de la petite grotte, et produisaient sur lui le même effet que sur le reste de la superficie interne de l'appareil.

Enfin les parois de ma grotte artificielle finirent par m'offrir à peu près l'aspect de ceux de la grotte de l'Arc, et surtout en hiver. J'ai gratté des portions de cette matière encore molle dans certains endroits, et en l'examinant, j'ai trouvé qu'elles avaient à peu près les mêmes caractères, et je me suis assuré de la vérité de mes conjectures. Je voulais introduire une seconde fois de pareils insectes et mollusques dans ma petite grotte artificielle, pour les abandonner à l'opération du temps, et pour les observer avec plus de soin ; mais je fus obligé de quitter Naples, et je ne pus donner suite à mes expériences. D'après ces observations, je suis porté à croire que la matière découverte par le naturaliste Breislack, et analisée par M. Laugier, n'est due qu'à un amas d'insectes et de mollusques égarés dans la grotte de l'Arc et morts sur ses parois. En effet, les limaçons sans coquilles, les chenilles, les fourmis, les mouches, les papillons, les araignées, les excréments de ces animaux, etc., tombés en putréfaction, l'acide de quelques portions de ces matières rances, et le tout ensemble se combinant avec les matières salines et métalliques de l'infiltration et celles d'une atmosphère chargée des vapeurs de la mer, ainsi que des émanations résineuses, aromatiques, fournies si abondamment par la belle végétation de l'île, peuvent produire une matière semblable à celle trouvée dans la grotte de l'Arc, et qui, soumise à l'analise chimique, peut donner des résultats semblables à ceux obtenus par M. Laugier (1).

Caprée est au sud-ouest du golfe de Naples; elle est fameuse par la retraite de Tibère. Elle offre un coup-d'œil enchanteur ; elle a deux lieues et demie de long sur trois-quarts de lieue de large. Le sol de cette île est couvert de myrtes, d'oliviers, d'orangers, d'amandiers, de figuiers; elle offre des champs de blé d'une fraîcheur ravissante, des vignobles très fertiles et des prairies délicieuses. Dans ce pays, les insectes et les mollusques vivent très bien et sont très multipliés.

Je crois enfin qu'indépendamment des

(1) C'est-à-dire, une liqueur ammoniacale, de l'huile fétide, du carbonate d'ammoniaque, une matière charbonneuse, du muriate de potasse, de la potasse libre, du benzoate de potasse, du carbonate de chaux, et de la silice; mais j'ai trouvé encore des traces de fer et d'alumine.

insectes et des mollusques à qui la matière de la grotte de l'Arc doit son origine, elle doit aussi participer des substances résineuses aromatiques, etc., que la végétation fournit à l'atmosphère de l'île. Les infiltrations, après avoir traversé des matières minérales, notamment les métalliques, et avoir produit différents degrés d'oxidation (1), peuvent également communiquer à la croûte animale de la grotte, des propriétés semblables pour l'odorat et pour le goût, à celles qu'elle possède.

J'ai aussi une observation à donner sur une croûte de matière animale, produite par des excréments déposés par des mouches, mais je compte l'insérer dans un autre volume.

---

(1) Chaque degré d'oxidation métallique porte une odeur qui lui est particulière ; les oxides de fer surtout, émanent une odeur de musc plus ou moins forte, suivant le degré d'oxidation.

FIN DU SIXIÈME MÉMOIRE ET DU PREMIER VOLUME.

www.ingramcontent.com/pod-product-compliance
Ingram Content Group UK Ltd.
Pitfield, Milton Keynes, MK11 3LW, UK
UKHW020144220726
13923UKWH00001B/365